核电厂便于退役的理念与实践系列丛书第二册

核电厂退役经费估算概述

生态环境部核与辐射安全中心
中广核工程有限公司 编著

中国原子能出版社

图书在版编目（CIP）数据

核电厂退役经费估算概述 / 生态环境部核与辐射安全中心，中广核工程有限公司编著. --北京：中国原子能出版社，2020.12

ISBN 978-7-5221-0297-9

Ⅰ. ①核… Ⅱ. ①生…②中… Ⅲ. ①核电厂–退役–经费–估算方法 Ⅳ. ①TM623.8②TL943

中国版本图书馆 CIP 数据核字（2020）第 271172 号

核电厂退役经费估算概述

出版发行	中国原子能出版社（北京市海淀区阜成路 43 号 100048）
责任编辑	杨晓宇
装帧设计	崔 彤
责任校对	冯莲凤
责任印制	赵 明
印 刷	北京中科印刷有限公司
经 销	全国新华书店
开 本	787 mm×1092 mm 1/16
印 张	14.75
字 数	257 千字
版 次	2020 年 12 月第 1 版 2020 年 12 月第 1 次印刷
书 号	ISBN 978-7-5221-0297-9 **定 价** **62.00 元**

网址：http://www.aep.com.cn **E-mail：atomep123@126.com**

发行电话：010-68452845

本书编委会

主　　编　刘志辉　潘跃龙

副 主 编　梁玮伦　魏淑虹

编写人员　刘志辉　潘跃龙　梁玮伦　魏淑虹

　　　　　李　强　张振楠　刘　帆　钟香斌

目 录

第1章 概述

1.1 引言

对于核设施退役及放射性废物的管理，“谁污染，谁付费”的基本原则已为多数国家所采用。此原则对有核电站的国家已成了国际惯例。通常的做法是根据核能应用必须承担包括退役和废物处置在内的有关废物管理财务责任的原则，单独设立一个管理基金（独立于一般会计或其他来源），以负担核设施退役以及废物管理所产生的费用。

国际原子能机构（IAEA）出版的《设施的退役》（GSR Part 6）提出的要求为：“国家法规应规定退役经费的责任，建立确保安全和及时退役适当财源的机制。”

2003 年实施的《中华人民共和国放射性污染防治法》第二十七条规定：“核设施营运单位应当制定核设施退役计划。核设施的退役费用和放射性废物处置费用应当预提，列入投资概算或者生产成本。核设施的退役费用和放射性废物处置费用的提取和管理办法，由国务院财政部门、价格主管部门会同国务院环境保护行政主管部门、核设施主管部门规定。”

2018 年实施的《中华人民共和国核安全法》第四十八条规定：“核设施营运单位应当预提核设施退役费用、放射性废物处置费用，列入投资概算、生产成本，专门用于核设施退役、放射性废物处置。具体办法由国务院财政部门、价格主管部门会同国务院核安全监督管理部门、核工业主管部门和能源主管部门制定。”

核设施退役技术难度大、费用高，时间在核电厂经营结束之后，因而涉及核设施退役费用估算、核设施退役财务管理模式的选择和退役基金的管理等问题。目前，经合组织核能署（OECD-NEA）、美国、法国、英国等都已经建立了退役费用估算以及管理体系，使退役经费的管理有章可依，满足了大型核与辐射设施退役的基本需求。作为核大国，我国目前尚未建立完善的核设施退役经济管理政策和制度，随着我国核电事业规模发展阶段的到来，为规避未来核电退役的资金风险，亟须借鉴国外先进成熟的经验，建立并完善核设施退役资金政策和制度。

1.2 有关美国核电厂退役的报道

（1）美国三哩岛核电厂 2 号机组即将退役

2020 年 12 月 10 日，北极星电力网新闻中心援引中核智库报道，美国核管会批准三哩岛核电厂 2 号机组的许可证从第一能源公司转让给三哩岛核电厂 2 号机组退役问题解决公司（TMI-2 公司）。

第一能源公司包括大都会爱迪生公司、泽西中央电力和照明公司、宾夕法尼亚电力公司以及第一能源子公司 GPU 核能公司。TMI-2 公司总部位于犹他州，是能源解决方案公司旗下的全资子公司。第一能源公司要求转让核电厂 2 号机组的相关许可以完成该机组退役。能源解决方案公司目前共有 4 个退役项目，其中 2 个将在 2020 年年底完成。

美国核管会称，转让批准自 2020 年 12 月 2 日起生效。2 号机组出售完成后，许可证将进行修改以显示新的所有权。新泽西州公共事业局（BPU）也批准该机组的转让。

三哩岛核电厂 2 号机组于 1979 年发生部分堆芯熔毁事故，此前约运行 6 个月。事故后，大约 99%的燃料和受损反应堆堆芯材料被移除并运往爱达荷国家实验室。该许可证目前只授权管有遗留在反应堆内的副产品和特殊核材料。（编译自英国《国际核工程》杂志网站，作者：李晓洁、张莉）

（2）美国核电厂退役资金空缺高达 700 亿美元

2020 年 12 月 11 日，北极星电力网新闻中心报道，最近英国媒体报道了英国核电厂退役的糟糕处境。新闻指出，英国核退役当局没有对 17 个核电机组的退役费用及其供应商进行有效管理。爆出的计划是，英国核电退役将在 120 年内花费 1770 亿美元去完成。

英国的退役费用，从财务上看相当于建设欣克利角核电厂的费用。新建核电厂由于超预算及超期问题，需要在发电后 35 年内以 150 美元/MWh 的价格售电。而同时期英国的陆上风能与太阳能发电售价低于 50 美元/MWh，海上风能低于 100 美元/MWh。

在媒体批评英国的同时，美国也即将面临同样的退役问题，只是没有公开罢了。

2016 年，经合组织（OECD）核能委员会经过大量调查，发布了核电反应堆退役成本数据。对于美国核反应堆，预计每台机组退役总成本为 5.44 亿～8.21 亿美元。对于功率在 1100 MW 以上的机组，其退役成本约为 46 万～73 万美元/MW；对于功率约在上述机组一半水平的机组，其退役成本约为 107 万～122 万美元/MW。芬兰的 Loviisa 核电厂（2×502 MW）预计退役费用为 3.26 亿欧元。瑞士 1000 MW 的压水堆具体退役估算为 6.63 亿瑞士法郎（6.17 亿欧元）。斯洛伐克的一项具体研究表明 Bohunice V1（2×440 MW）在 2025 年退役及拆除的总费用为 11.4 亿欧元。

在美国，核电公共事业公司收取 0.1～0.2 美分/kWh 的费用用于退役。它必须定期向美国核管会（NRC）汇报退役资金的使用情况。美国已经从核电机组的运行中筹集了大量的资金用于成立退役基金。NRC2018 年年底的数据显示，美国 119 个在运及退役的核电机组在内的退役信托基金总额为 647 亿美元。目前，该基金承认资金缺口已经高达数十亿美元。但行业评估表示，退役基金目前的资金还不到全部退役费用的一半。

以上标准是按照每座核电厂退役成本 5 亿美元核算的。需要注意的是，英国和斯洛伐克的例子说明，核电厂退役并不像建设新核电机组那样准时并且不超预算。比较现实的美国核电厂退役费用还是与欧洲和斯洛伐克接近，所以我们做更合理的假设，每个机组退役费用按照 10 亿美元计算。

美国可能一共需要 1000 亿美元，因此，将会有 700 亿美元的退役缺口。

当然，这是在核电每年减免16亿美元税收的基础上，并且由纳税人购买上限100亿美元的责任保险用于应对福岛级别的事故和类似俄亥俄州11亿美元补贴（6000万美元用于贿赂）事件。

对政府机构或供应商来说，核电退役是一项很好的“生意”。用100亿美元或者更多的钱来建造一个工厂，数十亿美元的财政补贴，还有另外10亿美元用于退役的时候，很多人就开始摩拳擦掌。目前，美国有核电厂在建的两个州的整体管理结构是一致的，无论公共设施的花费有多少，都能保证有一定的财政收入。如果建造一个150亿美元的核电厂，他们将会赚取纳税人很多钱。而如果建造价值200亿美元的风能或太阳能发电厂，他们可以赚取的利润就少很多。

这也是Brookfield购买破产的东芝西屋子公司的原因，为的就是获取长期、有保障的退役收入。SNC Lavalin购买加拿大的CANDU也是同样的考虑。

1.3 国外核电厂退役概况

根据《世界核能产业现状报告》（WNISR2019），截至2019年7月1日，全球共有181座停闭反应堆，总容量为78.1 GW。自WNISR2018起，又有8座反应堆（4.5 GW）正式停闭：日本、俄罗斯和美国各2座，韩国和中国台湾地区各1座。关闭的工厂中有近60%位于欧洲（西欧为85个，中欧和东欧为23个），其次是北美（42个）和亚洲（31个）。其中有140个反应堆使用三种反应堆技术：压水堆（54个），沸水反应堆或BWR（48个），以及气冷堆（38个）。在后者中，大多数（27个反应堆）位于英国。国际核电厂退役概况详见附件1。

图1.3-1显示了世界范围内停闭的反应堆。美国和德国分别有六种不同的反应堆类型，在拥有停闭式反应堆的国家或地区中多样性最高。西班牙只有三个停闭式反应堆，但有三种不同类型的反应堆需要拆除。停闭反应堆中约四分之三属于三大堆型：压水堆、沸水堆和气冷堆。

自2018年以来，全球未能新增完成退役的反应堆，当前只有19座共计6 GW的反应堆已完全退役，与选择的退役策略无关，退役平均持续时间约为

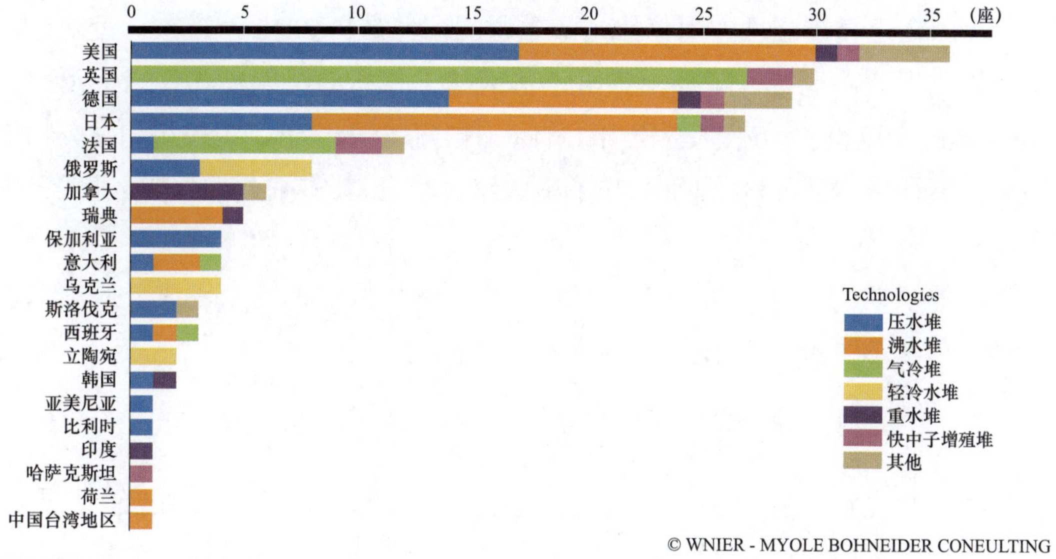

Sounces compiled by WNISR, 2019

图 1.3-1 世界范围内按国家或地区和堆型停闭的反应堆

PWR=压水堆，BWR=沸水堆，GCR=气冷堆，LWGR=轻水气冷堆，PHWR=重水堆，FBR=快中子增殖堆。

“其他”集群包括反应堆技术：高温气冷堆（HTGR），重水气冷堆（HWGCR），蒸汽发生重水堆（SGHWR），重水慢化沸式轻冷却反应堆（HWLWR）等。

19 年。同样，在 19 座反应堆中，只有 10 个厂址恢复绿地，实现无限制开放，如表 1.3-1 所示。

表 1.3-1 美国、德国和日本反应堆退役现状

现状	美国		德国			日本	
	2018 年 5 月	2019 年 5 月	2015 年	2018 年 5 月	2019 年 5 月	2018 年 5 月	2019 年 5 月
退役准备 卸料	4 1	6 1	10 0	10 2[b]	10 4	20 0	26[a] 0
退役实施	0	0	3	4	4	0	0
暂缓退役	5	5	9	8	8	0	0
长期封存	12	12	2	2	2	0	0
完成 绿地	13 6	13 6	4 3	5 3	5 3	1 1	1 1
停闭总数	34	36	28	29	29	25	27

注：

a：包括福岛第一核电厂四座反应堆，2018 年未包括在内。

b：从 WNISR2018 更正。

美国在退役反应堆方面仍然是最先进的，但是自 2018 年以来，没有任何实质性进展。将退役许可证出售给承包商的一种新的组织模式正在普及。在 2019 年进行退役的 10 座反应堆中，有 6 座大部分出售给了退役公司。废物管理公司 Energy Solutions 似乎参与了美国绝大部分退役项目并且计划进入日本市场。

其他早期核国家，如法国、加拿大、英国、俄罗斯均未完成反应堆退役（见表 1.3-2），整体上退役经验匮乏。

表 1.3-2　其他 11 个国家的反应堆退役概述（截至 2019 年 5 月）

单位：座

国家	停闭反应堆	退役				
		退役准备	退役实施	暂缓退役	长期封存	完成
加拿大	6	0	0	0	6	0
法国	12	3	1	0	8	0
德国	29	10	4	8	2	5
日本	27	26	0	0	0	1
英国	30	0	0	0	30	0
美国	36	6	0	5	12	13
西班牙	3	1	0	1	1	0
意大利	4	4	0	0	0	0
立陶宛	2	2	0	0	0	0
俄罗斯	8	0	0	0	8	0
韩国	2	2	0	0	0	0
总计	159	54	5	14	67	19

资料来源：由 WNISR 2019 年汇编。

1.4　国内（中国大陆地区）核电厂退役概况

中国大陆核电厂建设始于 20 世纪 80 年代，截至 2020 年 4 月，我国大陆地区商运机组数已达 47 台，在建机组数 15 台。最早建设的秦山一期核电厂于 1991 年并网发电，若按照其 30 年的设计寿期，在 2021 年达到设计寿期，已延寿到 2041 年。此外，按设计寿期估算，早期建设的大亚湾核电厂的 2 台机组，也将在 2033 年达到设计寿期。我国大陆地区核电机组达到设计寿期的数量趋势，如图 1.4-1 所示。即使核电厂进行延寿，也无法避免核电厂集中退役高峰的挑战，需要提前做好政策、管理和技术准备。此外，我国核电厂堆型种类复杂，包括了 M310、CPR1000、AP1000、EPR、CANDU、VVER、“华龙一号”、高温气冷堆等多种堆型，进一步增加了核电厂退役的管理和技术难度。

因此，当前我国既面临 101 堆及秦山一期等的退役，还面临不久的将来不同堆型核电厂集中退役高峰的挑战。

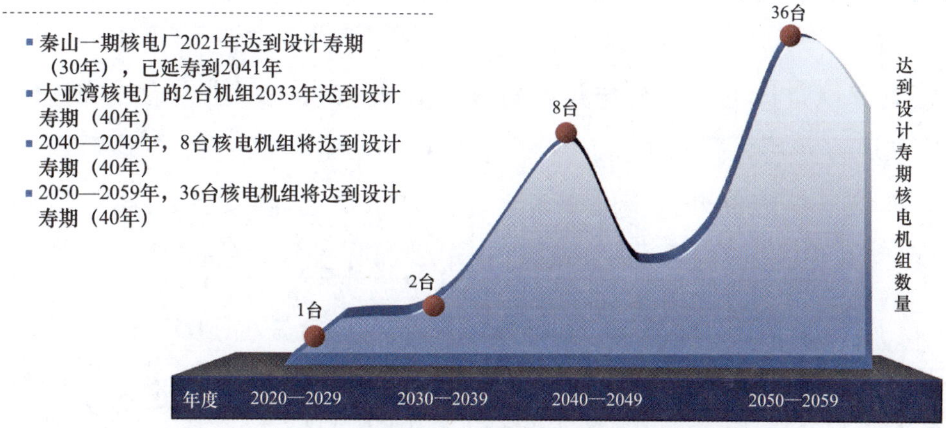

图 1.4-1 中国大陆地区达到设计寿期核电机组数量趋势

1.5 核电厂退役资金从哪儿来

2016 年 5 月 5 日，北极星电力网新闻中心援引国家能源局报道：核电厂退役和乏燃料后处理资金从哪里来？（次日，中国核能行业协会官网也刊登了，http://www.china-nea.cn/site/content/31800.html）

核电运营成本是全成本，即发电成本中除了燃料费、运行维护费、折旧费、财务费用外，还包括了电厂退役的处置费用和对乏燃料的后处理费用。

并且后者根据财政部、国家发展和改革委员会、工信部2010年发布的文件规定，核电机组商业运行第5年后计提，按上网电量0.026元/kWh统一上缴国家财政，形成国家乏燃料后处理基金。上缴之后，核电厂乏燃料的储存、运输、后处理均由国家安排专业公司负责实施，核电厂不再承担费用。

从国际经验看，中国采用的后处理方式是比较完整、永久性的，并且目前的费用收取标准积累的基金是足够的。核电公司上市过程中，国际投资者对中国政府采取的集中处置、集中收取资金的政策也是认可的。

核电厂退役，包括移走放射性物质、拆卸设备和厂房、清理厂址等过程，最终实现无限制开放或使用厂址，保护公众和环境。

核电厂退役工作实质上就是一个大规模的中低放废物处置过程，需拆除设施属于中低放射性水平，人员可以接触和实施操作，涉及区域不大，费用可控。

按国家规定标准，在核电厂运行期间，要按照电厂建设形成固定资产的10%提取退役费用，列入成本，作为准备金。从国际经验看，中国政府财政部门确定的这一计提标准处于适中水平，而且从发电开始逐年计提，应该是合理有保证的，也在核电公司上市过程中得到国际投资者的认可。

附件1：国际核电厂退役情况（来源于IAEA统计，2019）

国家	反应堆（编码与名称）	关闭时间	关闭原因	退役策略	现阶段状态	现阶段燃料管理阶段	退役责任方	许可证终止时间
亚美尼亚	AM-18 ARMENIAN-1	1989.2	Others	Other			ANPPCJSC	
比利时	BE-1 BR-3	1987.6	2，5	ID	4，9	4	CEN/SCK	
保加利亚	BG-1 KOZLODUY-1	2002.12	Others	Dd+PD+SE	6	3，6，7	E-03492	2031
	BG-2 KOZLODUY-2	2002.12	Others	Dd+PD+SE	6	3，6，7	E-03493	2031
	BG-3 KOZLODUY-3	2006.12	Others	Dd+PD+SE	6	3，7	E-00174	2031
	BG-4 KOZLODUY-4	2006.12	Others	Dd+PD+SE		3，6，7	E-0008	2031
加拿大	CA-1 ROLPHTON NPD	1987.8	2	Dd+PD+SE	8		AECL	
	CA-2 DOUGLAS POINT	1984.5	2	Dd+SE	8	7	AECL	

续表

国家	反应堆（编码与名称）	关闭时间	关闭原因	退役策略	现阶段状态	现阶段燃料管理阶段	退役责任方	许可证终止时间
加拿大	CA-3 GENTILLY-1	1977.6	2	Dd+PD+SE	8	7	AECL/HQ	
	CA-5 PICKERING-2	2007.5	2	Dd+PD+SE			OPG	
	CA-6 PICKERING-3	2008.10	2	ISD			OPG	
法国	FR-10 PHENIX	2010.2	Others	ID			—	
	FR-2 CHINON A-1	1973.4	1，2	ID			EDF	
	FR-24 SUPER-PHENIX	1998.12	Others	ID	9	3，6	NERSA	
	FR-3 CHINON A-2	1985.6	1，2	ID			EDF	2025
	FR-4 CHINON A-3	1990.6	1，2	ID	9		EDF	
	FR-5 CHOOZ-A（ARDENNES）	1991.10	Others	ID			SENA	2019
	FR-6 EL-4（MONTS D'ARREE）	1985.7	1，2	ID			EDF	2015
	FR-7 ST.LAURENT A-1	1990.4	1，2	ID			EDF	2027
	FR-8 ST.LAURENT A-2	1992.5	1，2	ID			EDF	2025
	FR-9 BUGEY-1	1994.5	1，2	ID	9		EDF	2020
德国	DE-1 VAK KAHL	1985.11	Others	Other			VAK	2010
	DE-10 STADE	2003.11	2	ID	3，4，6		E.ON	2023
	DE-11 NIEDERAICHBACH	1974.7	6	Other			KIT	1995
	DE-12 BIBLIS-A	2011.8	7	ID		3，7	RWE	
	DE-13 BRUNSBUETTEL	2011.8	7	ID	1	3	KKB	
	DE-14 PHILIPPSBURG-1	2011.8	7	ID	1	3	EnKK	
	DE-15 NECKARWESTHEIM-1	2011.8	7	ID	1	3	EnKK	
	DE-16 ISAR-1	2011.8	7	ID	2	3	E.ON	2038
	DE-17 UNTERWESER	2011.8	7	ID	2		E.ON	2035
	DE-18 BIBLIS-B	2011.8	7	ID	2		RWE	
	DE-19 THTR-300	1988.9	6，Others	Other			HKG	
	DE-2 MZFR	1984.5	Others	Other			KTE	

续表

国家	反应堆（编码与名称）	关闭时间	关闭原因	退役策略	现阶段状态	现阶段燃料管理阶段	退役责任方	许可证终止时间
德国	DE-20 KRUEMMEL	2011.8	7	ID	1	3	KKK	
	DE-22 MUELHEIM-KAERLICH	1988.9	7	Other			RWE	
	DE-23 GRAFENRHEINFELD	2015.6	7	ID	1	3	PElectra	2035
	DE-3 GUNDREMMINGEN-A	1977.1	6，8	ID			KGG	
	DE-4 AVR JUELICH	1988.12	7	ID	3，4		—	
	DE-5 OBRIGHEIM	2005.5	7	ID			EnKK	
	DE-501 RHEINSBERG	1990.6	1，3，6，7	ID	9	4，7	G 01 KKR	
	DE-502 GREIFSWALD-1	1990.2	1，3，6，7	ID	3，9	7	G 01 KGR	
	DE-503 GREIFSWALD-2	1990.2	1，3，6，7	ID	3，9	3，7	G 01 KGR	
	DE-504 GREIFSWALD-3	1990.2	1，3，6，7	ID	3，9	7	G 01 KGR	
	DE-505 GREIFSWALD-4	1990.7	1，3，6，7	ID	3	3，7	G 01 KGR	
	DE-506 GREIFSWALD-5	1989.11	1，2，3，6，7	ID	1，3，9	3，7	G 01 KGR	
	DE-6 LINGEN	1977.1	2，5，6	ID	1，3，4，9		RWE AG	
	DE-7 HDR GROSSWELZHEIM	1971.4	5	Other			KIT	1998
	DE-8 KNK Ⅱ	1991.8	5	Other			KTE	
	DE-9 WUERGASSEN	1994.8	2	ID			E.ON	
意大利	IT-1 LATINA	1987.12	7，Others	ID	3，6		SOGIN	2040
	IT-2 GARIGLIANO	1982.3	3，4，Others	ID	3，6，9		SOGIN	2033
	IT-3 ENRICO FERMI	1990.7	7，Others	ID	3，6，9，10		SOGIN	2036
	IT-4 CAORSO	1990.7	7，Others	ID	4，9		SOGIN	2034

续表

国家	反应堆（编码与名称）	关闭时间	关闭原因	退役策略	现阶段状态	现阶段燃料管理阶段	退役责任方	许可证终止时间
日本	JP-1 JPDR	1976.3	Others	ID	3		JAERI	2002
	JP-10 FUKUSHIMA-DAIICHI-3	2011.5	Others	Other			TEPCO DL	
	JP-11 HAMAOKA-1	2009.1	6	Dd+SE	3，4，6，7		CHUBU DL	2037
	JP-16 FUKUSHIMA-DAIICHI-4	2011.5	Others	Other			TEPCO DL	
	JP-17 FUKUSHIMA-DAIICHI-5	2013.12	Others	Other			TEPCO DL	
	JP-18 FUKUSHIMA-DAIICHI-6	2013.12	Others	Other			TEPCO DL	
	JP-2 TOKAI-1	1998.3	2	Dd+PD+SE	3，4，6，7，9		JAPCO	2025
	JP-20 FUGEN ATR	2003.3	2	Dd+SE	1，6	5	JAEA	2034
	JP-23 IKATA-1	2016.5	Others	Dd+SE	7	2	SHIKOKU	2056
	JP-24 HAMAOKA-2	2009.1	6	Dd+SE	3，4，6，7		CHUBU DL	2037
	JP-3 TSURUGA-1	2015.4	3	Dd+PD+SE	3，4，6，7		JAPCO	2040
	JP-4 MIHAMA-1	2015.4	3	Dd+PD+SE	3，6，8		KEPCO	2046
	JP-5 FUKUSHIMA-DAIICHI-1	2011.5	Others	Other			TEPCO DL	
	JP-6 MIHAMA-2	2015.4	3	Dd+PD+SE	3，6，8		KEPCO	2046
	JP-7 SHIMANE-1	2015.4	6	Other			CHUGOKU	
	JP-9 FUKUSHIMA-DAIICHI-2	2011.5	Others	Other			TEPCO DL	
哈萨克斯坦	KZ-10 AKTAU	1999.4	2，5	Dd+PD+SE	1，6	4，7	MAEC-KAZ	
韩国	KR-1 KORI-1	2017.6	7，Others	ID	1		KHNP	
立陶宛	LT-46 IGNALINA-1	2004.12	7，Others	ID	3	2，3，7	INPP	2038
	LT-47 IGNALINA-2	2009.12	7，Others	ID	2，3	1，2，3，7	INPP	2038

续表

国家	反应堆（编码与名称）	关闭时间	关闭原因	退役策略	现阶段状态	现阶段燃料管理阶段	退役责任方	许可证终止时间
荷兰	NL-1 DODEWAARD	1997.3	2，Others	Dd+SE	7		BV GKN	2055
俄罗斯	RU-3 BELOYARSK-1	1983.1	Others	Other			EA	
	RU-4 NOVOVORONEZH-1	1988.2	Others	Other			EA	
	RU-6 BELOYARSK-2	1990.1	Others	Other			EA	
	RU-8 NOVOVORONEZH-2	1990.8	Others	Other			EA	
斯洛伐克	SK-1 BOHUNICE A1	1977.2	4	Dd+PD+SE	3，6		JAVYS	
	SK-2 BOHUNICE-1	2006.12	7	ID	3，4，9		JAVYS	
	SK-3 BOHUNICE-2	2008.12	7	ID	3，4，9		JAVYS	
西班牙	ES-1 JOSE CABRERA-1	2006.4	Others	ID		7	UFG	2015
	ES-3 VANDELLOS-1	1990.7	4	Dd+PD+SE	8		ENRESA	2032
瑞典	SE-1 AGESTA	1974.6	2	Dd+SE	1，7	4	VAB	
	SE-2 OSKARSHAMN-1	2017.6	2	ID	1，2	2	OKG	
	SE-3 OSKARSHAMN-2	2016.12	2	ID	6	2，3，4	OKG	
	SE-6 BARSEBACK-1	1999.11	Others	Other	1	4	BKAB	2030
	SE-8 BARSEBACK-2	2005.5	Others	Other	1	4	BKAB	2030
瑞士	CH-8 LUCENS	1969.1	4	Dd+SE	1		EOS	2004
英国	GB-10A SIZEWELL A-1	2006.12	2，8	Dd+SE	8		Magnox S	2110
	GB-10B SIZEWELL A-2	2006.12	2，8	Dd+SE	8		Magnox S	2110
	GB-12 WINFRITH SGHWR	1990.9	Others	ID	10		UKAEA	2019
	GB-14 DOUNREAY DFR	1977.3	Others	Dd+PD+SE	5		DSR	2333
	GB-15 DOUNREAY PFR	1994.3	Others	Dd+PD+SE	5		Magnox N	2333
	GB-1A CALDER HALL-1	2003.3	2，8	Dd+PD+SE	8		SL	2117
	GB-1B CALDER HALL-2	2003.3	2，8	Dd+PD+SE	8		SL	2117

续表

国家	反应堆（编码与名称）	关闭时间	关闭原因	退役策略	现阶段状态	现阶段燃料管理阶段	退役责任方	许可证终止时间
英国	GB-1C CALDER HALL-3	2003.3	2，8	Dd+PD+SE	8		SL	2117
	GB-1D CALDER HALL-4	2003.3	2，8	Dd+PD+SE	8		SL	2117
	GB-2A CHAPELCROSS-1	2004.6	2，8	Dd+PD+SE	3，5，6，8		Magnox N	2128
	GB-2B CHAPELCROSS-2	2004.6	2，8	Dd+PD+SE	3，5，6，8		Magnox N	2128
	GB-2C CHAPELCROSS-3	2004.6	2，8	Dd+PD+SE	3，5，6，8		Magnox N	2128
	GB-2D CHAPELCROSS-4	2004.6	2，8	Dd+PD+SE	3，5，6，8		Magnox N	2128
	GB-3A BERKELEY-1	1989.3	2，8	Dd+SE	8		Magnox S	2083
	GB-3B BERKELEY-2	1988.10	2，8	Dd+SE	8		Magnox S	2083
	GB-4A BRADWELL-1	2002.3	2，8	Dd+SE	8		Magnox S	2104
	GB-4B BRADWELL-2	2002.3	2，8	Dd+SE	8		Magnox S	2104
	GB-5 WINDSCALE AGR	1981.4	Others	Dd+PD+SE	7		SL	2065
	GB-6A HUNTERSTON A-1	1990.3	2，8	Dd+PD+SE	8		Magnox N	2090
	GB-6B HUNTERSTON A-2	1989.12	2，8	Dd+PD+SE	8		Magnox N	2090
	GB-7A HINKLEY POINT A-1	2000.5	2，8	Dd+PD+SE	8		Magnox S	2104
	GB-7B HINKLEY POINT A-2	2000.5	2，8	Dd+PD+SE	8		Magnox S	2104
	GB-8A TRAWSFYNYDD-1	1991.2	2，8	Dd+PD+SE	8		Magnox N	2098
	GB-8B TRAWSFYNYDD-2	1991.2	2，8	Dd+PD+SE	8		Magnox N	2098
	GB-9A DUNGENESS A-1	2006.12	2，8	Dd+PD+SE	8		Magnox S	2111
	GB-9B DUNGENESS A-2	2006.12	2，8	Dd+PD+SE	8		Magnox S	2111
美国	US-001 SHIPPINGPORT	1982.10	3	ID			DOE DUQU	1989
	US-011 ELK RIVER	1968.2	1，Others	ID			RCPA	1974
	US-012 PIQUA	1966.1	4，5	ISD	11		CofPiqua	

续表

国家	反应堆（编码与名称）	关闭时间	关闭原因	退役策略	现阶段状态	现阶段燃料管理阶段	退役责任方	许可证终止时间
美国	US-013 INDIAN POINT-1	1974.10	5	Dd+PD+SE			ENTERGY	
	US-014 BONUS	1968.6	5，6	ISD			DOE/PRWR	1970
	US-018 GE VALLECITOS	1963.12	1	Dd+SE			GE&PGEC	
	US-077 HALLAM	1964.9	5	Dd+SE			AEC&NPPD	1971
	US-10 DRESDEN-1	1978.10	6	Dd+SE	9，11	7	EXELON	
	US-130 PATHFINDER	1967.10	5	Dd+SE	11		NMC	
	US-133 HUMBOLDT BAY	1976.7	5	Dd+PD+SE	3，4，6		PG&E	2013
	US-144 CVTR	1967.1	7，Others	Dd+SE			CVPA	2009
	US-146 SAXTON	1972.5	Others	ID			GPUNC	2005
	US-155 BIG ROCK POINT	1997.8	2，Others	ID		7	CPC	2007
	US-16 FERMI-1	1972.11	4，5	Dd+SE	9，11		DTEDISON	2025
	US-171 PEACH BOTTOM-1	1974.11	1	Dd+SE	1，9		EXELON	
	US-206 SAN ONOFRE-1	1992.11	Others	Dd+PD+SE	4		SCE	2008
	US-213 HADDAM NECK	1996.12	6	ID	4，6		CYAPC	2007
	US-245 MILLSTONE-1	1998.7	6	Dd+PD+SE			DOMINRES	
	US-267 FORT ST.VRAIN	1989.8	1，Others	ID			PSCC	1996
	US-29 YANKEE NPS	1991.10	5，7	ID	4，6		YAEC	2005
	US-295 ZION-1	1998.2	5，6	Dd+PD+SE	1，9		CommonEd	
	US-304 ZION-2	1998.2	5，6	Dd+PD+SE	1，9		COMMED	
	US-305 KEWAUNEE	2013.5	2，6	Dd+SE			DOMINRES	
	US-309 MAINE YANKEE	1997.8	6	ID	4	7	MYAPC	2005
	US-312 RANCHO SECO-1	1989.6	5，6	Dd+PD+SE			SMUD	2009
	US-320 THREE MILE ISLAND-2	1979.3	4，5	Other	9，11	4	GPU	

续表

国家	反应堆（编码与名称）	关闭时间	关闭原因	退役策略	现阶段状态	现阶段燃料管理阶段	退役责任方	许可证终止时间
美国	US-322 SHOREHAM	1989.5	7，Others	ID			LIPA	1995
	US-344 TROJAN	1992.11	6	Dd+PD+SE	9		PORTGE	2005
	US-409 LACROSSE	1987.4	2	Dd+PD+SE	9	7	DPC	

关闭原因：
1：技术被淘汰。
2：工艺不再盈利。
3：许可证批准要求变化。
4：运行事故。
5：其他技术原因。
6：其他经济原因。
7：公众可接受度与政治原因。
8：主设备故障或磨损。
Others：非以上 8 方面的原因。
退役策略：
ID：立即拆除并移除所有的放射性材料。
Dd+SE：延缓拆除，将所有的放射性区域安全封存。
Dd+PD+SE：延缓拆除，包括部分拆除和将剩余的放射性区域安全封存。
ISD：厂内处置，涉及放射性材料和物质的包装。
Other：非以上几种策略。
燃料管理阶段：
1：转运到反应堆设施。
2：转移离开反应堆设施。
3：储存在厂内设施。
4：储存在厂外设施。
5：船运到后处理厂。
6：水下储存阶段。
7：干式储存阶段。
8：封装。
现阶段状态：
1：制订最终退役计划。
2：反应堆堆芯卸料。
3：场内退役废物整备。
4：场外退役废物运输。
5：准备安全封存。
6：部分拆除。
7：主动安全封存阶段。
8：被动安全封存阶段。
9：最终拆除。
10：终态调查。
11：许可证终止—退役终止时的法律行为。

参考文献

[1] International Atomic Energy Agency. Decommissioning of Facilities: IAEA Safety Standards No.GSR Part6[S]. IAEA:Vienna, 2014.

[2] 美国三哩岛核电站 2 号机组即将退役［EB/OL］.［2020-12-10］. http://news.bjx.com.cn/html/20201210/1121300.shtml.

[3] 2019 世界核能产业现状报告［R］. 2019.

[4] 中国大陆核电厂分布图［EB/OL］.［2020-04-27］. http://nnsa.mee.gov.cn/hdcfbt/.

[5] 核电站退役和乏燃料后处理资金从哪里来？［EB/OL］.［2016-05-05］. http://news.bjx.com.cn/html/20160505/730488.shtml.

第2章
退役经费相关的法规标准

2.1 相关法律

2.1.1 《中华人民共和国核安全法》

2018年1月1日起施行的《中华人民共和国核安全法》第四十八条规定：核设施营运单位应当预提核设施退役费用、放射性废物处置费用，列入投资概算、生产成本，专门用于核设施退役、放射性废物处置。具体办法由国务院财政部门、价格主管部门会同国务院核安全监督管理部门、核工业主管部门和能源主管部门制定。

2.1.2 《中华人民共和国放射性污染防治法》

2003年10月1日起施行《中华人民共和国放射性污染防治法》第二十七条规定：核设施的退役费用和放射性废物处置费用应当预提，列入投资概算或者生产成本。核设施的退役费用和放射性废物处置费用的提取和管理办法，由国务院财政部门、价格主管部门会同国务院环境保护行政主管部门、核设施主管部门规定。

第三十八条规定：

铀（钍）矿开发利用单位应当制定铀（钍）矿退役计划。铀矿退役费用由国家财政预算安排。

2.1.3 《中华人民共和国原子能法（征求意见稿）》

《中华人民共和国原子能法（征求意见稿）》由国防科工局起草，2018 年 9 月，公开征求意见，与退役经费相关的内容具体如下：

第二十二条 核燃料循环设施的营运单位应当按照国家规定预提关闭和退役费用，纳入投资概算或生产成本。

核燃料循环设施承担非营利性活动的退役费用由中央财政承担。

第三十六条 核电站及其他商用核反应堆退役费用由其营运单位承担，非商用核反应堆退役费用由中央财政承担。

2.1.4 《中华人民共和国价格法》

《中华人民共和国价格法》是为了规范价格行为，发挥价格合理配置资源的作用，稳定市场价格总水平，保护消费者和经营者的合法权益，促进社会主义市场经济健康发展而制定的法律。

1997 年 12 月 29 日，第八届全国人民代表大会常务委员会第二十九次会议通过，中华人民共和国主席令第 92 号公布。

第二条 在中华人民共和国境内发生的价格行为，适用本法。

本法所称价格包括商品价格和服务价格。

商品价格是指各类有形产品和无形资产的价格。

服务价格是指各类有偿服务的收费。

2.1.5 《中华人民共和国行政许可法》

为了规范行政许可的设定和实施，保护公民、法人和其他组织的合法权益，维护公共利益和社会秩序，保障和监督行政机关有效实施行政管理，根据宪法，制定本法。由第十届全国人民代表大会常务委员会第四次会议于 2003 年 8 月 27 日通过，自 2004 年 7 月 1 日起施行。

2019 年 4 月 23 日，第十三届全国人民代表大会常务委员会第十次会议修正《中华人民共和国行政许可法》，自公布之日起施行。

第五章　行政许可的费用

第五十八条　行政机关实施行政许可和对行政许可事项进行监督检查，不得收取任何费用。但是，法律、行政法规另有规定的，依照其规定。

行政机关提供行政许可申请书格式文本，不得收费。

行政机关实施行政许可所需经费应当列入本行政机关的预算，由本级财政予以保障，按照批准的预算予以核拨。

第五十九条　行政机关实施行政许可，依照法律、行政法规收取费用的，应当按照公布的法定项目和标准收费；所收取的费用必须全部上缴国库，任何机关或者个人不得以任何形式截留、挪用、私分或者变相私分。财政部门不得以任何形式向行政机关返还或者变相返还实施行政许可所收取的费用。

2.1.6 《中华人民共和国环境保护税法》

《中华人民共和国环境保护税法》是为保护和改善环境、减少污染物排放、推进生态文明建设，而制定的法律。

《中华人民共和国环境保护税法》由中华人民共和国第十二届全国人民代表大会常务委员会第二十五次会议于 2016 年 12 月 25 日通过，自 2018 年 1 月 1 日起施行。

最新修正是根据 2018 年 10 月 26 日第十三届全国人民代表大会常务委员会第六次会议《关于修改〈中华人民共和国野生动物保护法〉等十五部法律的决定》修正，自公布之日起施行。

《环境保护税法》全文 5 章、28 条，分别为总则、计税依据和应纳税额、税收减免、征收管理、附则。

第一条　为了保护和改善环境，减少污染物排放，推进生态文明建设，制定本法。

第二条　在中华人民共和国领域和中华人民共和国管辖的其他海域，直接向环境排放应税污染物的企业事业单位和其他生产经营者为环境保护税的纳税人，应当依照本法规定缴纳环境保护税。

第三条　本法所称应税污染物，是指本法所附《环境保护税税目税额表》、《应税污染物和当量值表》规定的大气污染物、水污染物、固体废物和噪声。

2.2 有关行政法规和部门规章

2.2.1 《中华人民共和国民用核设施安全监督管理条例》

1986 年国务院发布的《中华人民共和国民用核设施安全监督管理条例》是我国核设施安全监管的第一部行政法规，其宗旨是在民用核设施的建造和营运中保证安全，保障工作人员和群众的健康，保护环境，促进核能事业的顺利发展。条例规定民用核设施的选址、设计、建造、运行和退役必须贯彻安全第一的方针。该条例首次明确核设施退役必须向国家核安全局提出申请。

第十五条： 核设施的迁移、转让或退役必须向国家核安全局提出申请，经审查批准后方可进行。

该条例仅规定了退役必须提出申请，未涉及退役费用问题。

2.2.2 《放射性废物安全管理条例》

2011 年国务院发布的《放射性废物安全管理条例》是我国放射性废物安全管理领域的第一部行政法规。该条例明确了放射性废物含义、废物管理活动范围、分类管理及减量化、无害化和妥善处置、永久安全的原则等。该条例未涉及“退役”相关内容或未明确退役相关安全管理要求等。《中华人民共和国核安全法》发布实施后，《放射性废物安全管理条例》已启动修订工作，拟依照上位法退役相关规定进行补充完善。

2.2.3 《核动力厂运行安全规定》

《核动力厂运行安全规定》（HAF103—2004）是经国家核安全监管部门批准的，为保障核动力厂的安全运行而对参数限值、设备的功能和性能及人员执行任务的水平等做出规定。该规定给出了涉及核动力厂管理、调试、运行和退役等方面的原则要求，具有强制性。

该规定第 11.1 节规定，在核动力厂关闭以前，营运单位必须尽早对核动力厂的退役做出适当的安排（包括财政安排），并必须尽早由国家核安全监管部门批准该退役安排。这些安排必须满足核动力厂退役的有关安全要求。

2.2.4 《政府性基金管理暂行办法》

2010 年 9 月 10 日，为加强政府性基金管理，进一步规范审批、征收、使用、监管等行为，切实保护公民、法人和其他组织的合法权益，财政部制定了《政府性基金管理暂行办法》。

2.2.5 《中华人民共和国环境保护税法实施条例》

《中华人民共和国环境保护税法实施条例》（以下简称《条例》）是为了保证《中华人民共和国环境保护税法》的顺利实施而制定的法规。

《条例》对《环境保护税税目税额表》中其他固体废物具体范围的确定机制、城乡污水集中处理场所的范围、固体废物排放量的计算、减征环境保护税的条件和标准，以及税务机关和环境保护主管部门的协作机制等做了明确规定。《条例》明确，2003 年 1 月 2 日国务院公布的《排污费征收使用管理条例》同时废止。

2.2.6 《排污费征收使用管理条例》

《排污费征收使用管理条例》是为了加强对排污费征收、使用的管理而制定的。由中华人民共和国国务院于 2003 年 1 月 2 日发布，自 2003 年 7 月 1 日起施行。共计 6 章 26 条。

新华社北京 2017 年 12 月 30 日电，国务院总理李克强日前签署第 693 号国务院令，公布《中华人民共和国环境保护税法实施条例》，自 2018 年 1 月 1 日起与《中华人民共和国环境保护税法》同步施行，《排污费征收使用管理条例》同时废止。

2.2.7 《核电站乏燃料处理处置基金征收使用管理暂行办法》

为促进核电事业发展，规范核电站乏燃料处理处置基金的征收、使用和管理，根据国务院批示精神，财政部、国家发展和改革委员会、工业和信息化部共同制定了《核电站乏燃料处理处置基金征收使用管理暂行办法》（详见附件 1）。

该办法包括五章、二十三条。其中，与退役相关的内容如下：

第十条 核电厂缴纳的乏燃料处理处置基金，由政府相关部门和机构专项用于乏燃料处理处置。具体使用范围包括：

（一）乏燃料运输；

（二）乏燃料离堆贮存；

（三）乏燃料后处理（含乏燃料后处理中试厂进行的商用核电站乏燃料后处理）；

（四）乏燃料后处理所产生的高放废物的处理处置；

（五）乏燃料后处理厂的建设、运行、改造和退役；

（六）乏燃料处理处置的其他支出。

第十一条 乏燃料处理处置基金年度预算，应优先安排乏燃料运输、乏燃料离堆贮存、乏燃料后处理、高放废物处理处置等支出，再安排乏燃料后处理厂建设、运行、改造和退役等相关支出。

第十四条 财政部根据乏燃料处理处置基金收支预算和乏燃料处理处置基金实际征收入库情况安排资金。资金支付按照财政国库管理制度有关规定执行，支出填列《政府收支分类科目》第 206 类“科学技术”10 款“核电站乏燃料处理处置基金支出”（新增）01 项“乏燃料运输”、02 项“乏燃料离堆贮存”、03 项“乏燃料后处理”、04 项“高放废物的处理处置”、05 项“乏燃料后处理厂的建设、运行、改造和退役”、99 项“其他乏燃料处理处置基金支出”。

2.2.8 《核电站乏燃料处理处置基金项目管理办法》

2014 年，为规范我国核电站乏燃料处理处置基金（以下简称基金）项目管理，保障基金合理和有效使用，依据《核电站乏燃料处理处置基金征收使用管理暂行办法》（财综〔2010〕58 号）及其他有关规定，国防科工局制定了《核电站乏燃料处理处置基金项目管理办法》（科工二司〔2014〕314 号）（详见附件 2）。

该办法包括九章、四十三条。其中，与退役相关的内容如下：

第二条 核电站乏燃料处理处置基金属于政府性基金，专项用于核电站乏燃料处理处置。具体使用范围包括：

（一）乏燃料运输；

（二）乏燃料离堆贮存；

（三）乏燃料后处理（含乏燃料后处理中试厂进行的商用核电站乏燃料后处理）；

（四）乏燃料后处理所产生的高放废物处理处置；

（五）乏燃料后处理厂的建设、运行、改造和退役；

（六）乏燃料处理处置的其他支出。

第十条　基金项目分为乏燃料运输、设施建设、设施运行、设施退役四类。重大设施建设项目的前期工作可作为基金项目申报，视同设施建设类项目管理。各类项目申报文件的格式及要求按国防科工局有关规定执行。

第十五条　设施退役类项目按以下程序申报审批：

（一）设施退役类项目的申报审批分为项目建议书、可行性研究报告和初步设计三个阶段。

（二）依据规划，项目承担单位的上级单位组织所属相关单位编制项目建议书报国防科工局。国防科工局组织评估或审查后，商财政部进行批复。

（三）依据项目建议书批复，项目承担单位的上级单位组织所属相关单位编制项目可行性研究报告报国防科工局。国防科工局组织审查后，对可行性研究报告进行批复。

（四）依据项目可行性研究报告批复，项目承担单位的上级单位组织所属相关单位编制项目初步设计，国防科工局或委托项目承担单位的上级单位组织审查后，对项目初步设计进行批复。

（五）对于特别重大、复杂的退役项目可视具体情况分阶段审批，但应在项目建议书批复中明确审批节点与要求。

第二十五条　基金项目管理实行报告制度。

（二）设施建设和设施退役类项目，由项目承担单位提交半年总结和年度总结，经项目承担单位的上级单位汇总后，于每年 7 月 15 日和次年 1 月 31 日前，向国防科工局书面报告项目执行情况、资金使用情况、存在的问题和解决措施、建议等。

第二十九条　基金项目由国防科工局或委托项目承担单位的上级单位组

织验收。项目验收实行计划管理，乏燃料运输和设施运行类项目应在批复周期结束后一年内完成验收。设施建设、设施退役及其他类项目应在项目批复周期内完成验收。

2.2.9 《核设施退役与放射性废物处置费用管理暂行办法（初稿）》

2018 年《核安全法》实施后，根据职责分工，生态环境部（国家核安全局）组织有关技术支持单位，通过调研国际（如 IAEA、美国、法国等）核设施退役与放射性废物处置费用管理方面的经验，梳理我国核设施退役与放射性废物处置费用的相关需求，并结合我国现有的法规要求，完成了我国《核设施退役与放射性废物处置费用管理暂行办法（初稿）》（以下简称《暂行办法》）。

2018 年 1 月 25 日，生态环境部核三司组织召开专家咨询会，明确了暂行办法初稿的主体框架。5 月 10 日，生态环境部核三司在北京再次组织召开了《暂行办法》研讨会，财政部、生态环境部、中国核工业集团有限公司、中国广核集团有限公司、中核清源环境技术工程有限责任公司、广东核电合营有限公司、岭澳核电有限公司、岭东核电有限公司、中国广核电力股份有限公司、中广核核电运营有限公司、中广核工程有限公司、广东大亚湾核电环保有限公司、中国辐射防护研究院、生态环境部核与辐射安全中心、中国核能电力股份有限公司和中国原子能科学研究院等专家和代表参加了此次研讨会，对《暂行办法》进行了讨论，并提出修改意见。项目组根据修改意见编制完成了暂行办法第二次修改稿。6 月，核三司根据与财政部经建司的沟通结果，继续开展相关调研，并对退役费用的提取和归集可能造成的财务影响进行测算，对《暂行办法》和支撑材料进行了完善和补充，形成初稿。

2.2.9.1 编制思路

总的原则，核设施退役与放射性废物处置是核设施营运单位的法定责任和义务。因此，商用核设施的退役费用和处置费用，由营运单位承担；非商用核设施（如公益、科研类）的退役费用和处置费用，由原出资建造的部门承担。同时明确，退役费用和处置费用由核设施营运单位进行计提和管理（退役费用需设立专项账户），并接受国务院财政部门、价格主管部门和国务院核安全监督管理部门的监管。

本暂行办法的制定目的是保障核设施退役和放射性废物处置所需资金，因此推荐退役费用计提最低标准以核设施投运时固定资产原值的10%为基础，结合计提时间、折现率确定，并通过定期评估进行调整和修改。

明确费用不足时的“兜底”政策，如果商用核设施营运单位计提并归集的退役费用无法满足退役工作需要，应由营运单位补齐，营运单位无法承担时，应由其股东按出资比例承担。

编制组对本暂行办法的实施给核设施营运单位带来的财务影响进行了测算。结论显示，按照本暂行办法进行退役费用的计提和归集，并不会对其现金流造成实质性的影响。

2.2.9.2　编制依据

主要参考了 IAEA、美国、欧盟等相关标准的主要规定，并结合国内已有的法规标准。具体依据如下：

（1）《中华人民共和国放射性污染防治法》。

（2）《中华人民共和国核安全法》。

（3）《放射性废物安全管理条例》。

（4）《放射性固体废物贮存和处置许可管理办法》。

（5）《乏燃料处理处置基金征收使用管理办法》。

（6）《核科学技术术语　第 8 部分：放射性废物管理》（GB/T 4960.8—2008）。

（7）《IAEA 安全术语》2016 版。

（8）IAEA-TECDOC-1476　Financial Aspects of Decommissioning（2005）。

（9）IAEA No.GSR-Part6　Decommissioning of facilities（2014）。

（10）NEA No.7201　Costs of Decommissioning Nuclear Power Plants（OECD 2016）。

（11）OECD Decommissioning Nuclear Power Plants：Policies，Strategies and Costs（2003）。

（12）NRC NUREG-1577，Rev.1　Standard review plan on power reactor licensee financial qualifications and decommissioning funding assurance（1999）。

（13）NRC NUREG-1757，Rev.3　Financial Assurance，Recordkeeping，

and Timeliness（2006）。

（14）NRC NUREG-1713　Standard Format and Content of Decommissioning Cost Estimates for Nuclear Power Reactors。

（15）10CFR 50.33　Contents of applications；general information。

（16）10CFR 50.75　Reporting and recordkeeping for decommissioning planning。

（17）10CFR 50.82　Termination of license。

（18）NUREG 1307，Rev.16　Report on waste burial charges。

（19）Texas Administrative Code Subchapter N　Fees for Low-Level Radioactive Waste Disposal。

2.2.9.3　主要内容及说明

第一条　规定了本办法制订目的，是为了规范我国核设施退役及放射性废物处置费用的管理工作，保障核设施退役和放射性废物处置所需资金，保护生态环境和公众的安全。依据的上位法是《中华人民共和国放射性污染防治法》、《中华人民共和国核安全法》。

第二条　明确了本办法中“核设施退役费用（以下简称退役费用）”和“放射性废物处置费用（以下简称处置费用）”的定义。退役费用是指为完成核设施所有退役活动和退役所产生的放射性废物管理而设立的专项资金，包括实施退役的费用以及退役所产生的放射性废物管理的费用，不包括核设施关闭费用、核设施运行产生的废物的管理费用，以及乏燃料的管理和处置费用。处置费用是指为保证核设施运行产生的放射性废物处置所必需的费用。

第三条　规定了总的原则，即核设施退役和放射性废物处置是核设施营运单位的法定责任和义务，并规定核设施退役费用应按照“企业提取、政府监管、提供保障、规范使用”的原则进行管理，处置费用由核设施营运单位自行提取并使用，监管部门进行监管。监管部门并不管理核设施营运单位提取的退役费用和处置费用，而是对退役费用和处置费用的提取、保值增值、使用进行监督管理。

第四条　规定了核设施退役费用、放射性废物处置费用的税收政策。规定核设施营运单位按照本办法计提的退役费用、处置费用准予在计算企业所得税应纳税所得额时全额扣除。

《中华人民共和国企业所得税法实施条例》第 45 条规定："企业依照法律、行政法规有关规定提取的用于环境保护、生态恢复等方面的专项资金，准予扣除，上述专项资金提取后改变用途的，不得扣除。"《海上油气生产设施废弃处置管理暂行规定》（发改能源〔2010〕1305 号）第 6 条明确企业按照规定提取的弃置费的税务处理依照国家税收法律法规执行。国家税务总局《关于发布〈海上油气生产设施弃置费企业所得税管理办法〉的公告》（2011 年第 22 号）第十五条明确弃置费税前扣除。参考石油行业相关规定，特制定本条规定。

第五条　规定了本办法的适用范围。本办法适用于《中华人民共和国核安全法》所定义的除后处理设施、处置设施之外的所有民用核设施退役费用和处置费用的计提、管理和使用工作，以及中、低水平放射性固体废物处置费用的收取工作。后处理设施的退役及运行过程产生的放射性废物的处置费用从乏燃料处置基金列支。对于军民两用或军转民的核设施退役费用的计提，遵循"特事特办"的原则进行，未在本办法中包括。

第六条　明确了退役费用和处置费用的计提原则。根据"谁污染谁治理"和"代际公平"的基本原则，核能受益者承担核设施退役和运行过程产生放射性废物的处置费用。商用核设施的退役费用和处置费用，由核设施营运单位承担（此条参考 IAEA No.GSR-Part6 Decommissioning of facilities.2014）；非商用型核设施（如公益、科研类），遵循"谁投资建造，谁负责退役"，由原出资建造部门承担退役费用和处置费用。

第七条　规定了退役费用计提最低标准，以核设施投运时固定资产原值的 10%为基础，并明确计提的退役费用必须考虑货币的价值量随时间的变化（即货币的时间价值）。计提终值的计算方法参考会计中复利终值的办法，推荐退役终值最低标准的计算公式为：退役终值=生产设施投运时投资额×10%×（1+折现率）$^{运行时间（年）}$。其中，折现率可参考我国银行长期贷款利率确定。考虑退役费用计提时间较长，且银行贷款利率每年均发生一定的变化，应在后续退役费用的定期评估中，结合计提期限内银行贷款利率的变化情况，确定企业适宜的折现率。

以计算的退役终值为基础，企业在符合国务院财政部门制定的企业会计准则规定的前提下，自行选择计提方式的会计处理办法，确定每年的计提金额。

第八条 规定了总退役费用的评估。因为我国目前尚无大型商用核设施的退役经验，关于核设施退役的资金需求主要是调研了国外的有关实践。因此针对核设施退役费用计提可能存在的不足，建立了定期评估制度，要求核设施营运单位每 5 年进行自评估，国务院财政部门、价格主管部门会同国务院核安全监督管理部门、核工业主管部门和能源主管部门每 10 年对总退役费用进行评估和审核；若累计计提的退役费用不足时，应进行补提，确保退役费用足额计提。最终计提的总退役费用应以经批准的退役计划为基础评估确定。

第九条 规定了处置费用的计提标准，规定商用核设施营运单位以核设施当年废物产生量为基础，结合废物处置收费标准，由核设施营运单位自行确定。

第十条 规定了处置收费标准。明确了放射性废物处置收费为经营服务性收费，收费计费项分为基本处置费、税、关闭费、监测维护费、厂址监护费和附加费。处置场的运行、关闭、监护是一个长期的过程，时间跨度为 300～500 年，因此处置场收取的处置费用应涵盖处置设施建设成本、运行费用、长期安全管理费用。

核安全法规定放射性废物处置设施关闭后，放射性废物处置单位应当按照经批准的安全监护计划进行安全监护；经国务院核安全监督管理部门会同国务院有关部门批准后，将其交由省、自治区、直辖市人民政府进行监护管理，此时处置设施营运单位应将长期安全管理费用一并足额转移。

处置收费标准按照补偿处置成本、合理盈利的原则核定。具体的价格由处置设施营运单位根据其成本构成，向国务院价格部门申请确定

第十一条 规定了退役费用和处置费用的计提时间。明确商用核设施营运单位，应从核设施运行第 1 年（第 1 个自然年）后开始按年度计提退役费用和处置费用，并于每年 12 月 31 日前完成当年退役费用和处置费用的计提，直至运行结束。对于本办法实施之日前已运行的商用核设施，营运单位应自本办法实施之日起，1 年内完成核设施营运以来的所有退役费用和处置费用的计提。

第十二条 规定了延寿核设施的费用计提。明确商用核设施运行许可证有效期届满需要继续运行的，应根据本办法第七、八条、九条继续计提退役费用和处置费用。

第十三条 规定了非商运核设施的退役费用。明确对于非商用核设施，由核设施营运单位于计划退役的前 2 年内，向原出资建造的部门申请退役费用。

第十四条 规定了退役费用账户的建立，明确商用核设施营运单位应建立退役费用专项管理制度，并设立退役费用专项账户。

同时对现有已运行核设施做出了规定：对于新建以及运行年限不超过首次获批的运行许可证有效期期限一半的核设施，营运单位应在不晚于首次获批的运行许可证有效期期限的一半时建立退役费用专项账户；对于运行年限超过首次获批的运行许可证有效期一半的核设施，营运单位应自本办法实施之日起 3 个月内设立退役费用专项账户。

第十五条 规定了退役费用的资金归集。明确设立专项账户后，核动力厂营运单位应在 10 年内归集齐已计提的退役资金，其他核设施营运单位应在 5 年内归集齐已计提的退役资金；后续每年度计提的退役费用应于次年 3 月 31 日前完成归集。对于运行年限超过首次获批的运行许可证有效期一半的核设施营运单位，应在设立专项账户的当年内开始进行资金归集，并在运行许可证有效期满前完成资金归集。

第十六条 规定了专款专用的原则，商用核设施营运单位应保证退役费用专项账户资金专款专用，仅用于与退役相关的活动。明确核设施退役费用的管理者对退役费用负有保值增值的责任。

第十七条 规定了报告制度，商用核设施营运单位应于每年 4 月 30 日前，向国务院财政部门、国务院核安全监督管理部门提交上年度的退役费用专项账户报告和处置费用报告。

第十八条 规定了退役费用的使用要求。规定核设施退役费用仅可用于支付按退役策略履行退役责任所必需的费用，包括基本活动费用、管理费用、特殊费用及不可预见费等。并规定退役费用的使用实行预算、决算管理，商用核设施的营运单位应每年编制退役费用使用预算和决算，并报国务院财政部门、价格主管部门、国务院核安全监督管理部门备案。

第十九条 对商用核设施退役费用的提前使用进行了规定。根据 IAEA 相关规定，退役始于设计阶段，并贯穿于整个设施寿期。因此，商用核设施营运单位向国务院核安全监督管理部门提交退役申请前开展的退役相关工作和研究，如：编制初步退役计划、收集相关资料和数据以利于未来的退役、经费估算与评估等，均可使用退役费用，但最高不超过累计应计提退役费用的3%。剩余退役费用，应在退役申请获批后方可使用。

第二十条 规定了退役费用不足情况下的处理原则。仍然遵循“谁污染谁治理”和“代际公平”的原则，若核设施营运单位计提的总退役费用不足以支付退役支出时，应由核设施营运单位负责补齐；若核设施营运单位无法承担时，则由其股东按出资比例承担。

这一条与第八条定期评估的要求相结合，可以避免核设施特别是核电关闭后，股东享受了核电运行带来的红利而躲避了核设施退役的责任。

第二十一条 规定了退役费用结余情况的处理。商用核设施退役完成后，若退役费用专项账户仍有结余时，核设施营运单位可向国务院财政部门、价格主管部门和国务院核安全监督管理部门提交申请，经批准后可自行处理。

第二十二条 规定了处置费用的使用。明确核设施营运单位向放射性废物处置设施送交、处置放射性固体废物时，可使用计提的处置费用。

第二十三条 明确了对退役费用和处置费用的监管。规定国务院财政部门、价格主管部门和国务院核安全监督管理部门，应定期或不定期检查退役费用专项账户，并对退役费用和处置费用的计提、管理和使用进行监督管理。

第二十四条 对违规行为的处理作了规定。规定商用核设施营运单位未按规定计提退役费用和处置费用，或挪用退役费用和处置费用，由国务院财政部门、价格主管部门和国务院核安全监督管理部门依据相关规定予以处理。

2.3 有关标准

2.3.1 《放射性废物管理规定》

《放射性废物管理规定》（GB 14500—2002），规定了放射性废物的产生、收集、预处理、处理、整备、运输、贮存、处置与排放等各个阶段以及退役和环境整治等有关活动的管理目标和基本要求。该标准适用于核燃料循环各环节和核技术应用与铀、钍伴生矿开发利用所产生的放射性废物的管理。其他实践所产生的放射性废物的管理亦可参照执行。

涉及核设施退役的条款如下：

20.2.3　应根据退役核设施的类型、规模、复杂程度，现有的技术条件和人、财、物资源条件，退役后设施或场所的用途和终态要求，以及审管要求，制定退役计划和退役方案。

2.3.2 《核设施退役安全要求》

《核设施退役安全要求》（GB/T 19597—2004），规定了核设施退役的安全目标、管理原则、辐射安全、退役废物安全和工业安全要求等内容。适用于非事故关闭的核设施退役，因事故而关闭的核设施的退役可参照执行。

涉及退役经费的术语包括：

退役整体规划：营运单位所作的或委托其他单位所作的待退役核设施退役策略和总体安排，包括所有重大活动的顺序安排、退役中重大安全问题及解决途径、安全相关系统的维护和（或）建议、退役废物的管理及相关设施、重要退役技术的选择及研发、退役目标的确定、时间进度的设想、退役费用的匡算及筹措方式等。

核设施退役前期技术准备：为核设施退役工程立项进行的各种技术文件的编制和相应各种准备工作。工作内容包括：退役方案论证、退役放射性源项调查、物料衡算、污染物特性鉴定、管理目标值推荐、退役费用估算，以及辐射安全、退役废物管理、质量保证、退役工程进度安排、退役过程辐射监测、退役工程完工状态辐射监测、可行性研究报告、环境影响评价报告、安全分析报告等研究、编制和实践活动。

核设施退役管理目标值：在遵守国家标准的原则下，根据待退役核设施所处的地理位置、复杂程序、污染状态、保留设施及厂址的利用前景、环境条件、经费、社会人文、政治等因素，在进行辐射防护最优化后推荐的、并经审管机构认可的该核设施退役实践的执行标准。

该标准与退役经费相关的条款如下：

5.1.3　在核设施建造期间（或服役前）制定核设施退役初步计划并上报

主管部门。初步计划内容应包括：

a）基本安全问题的考虑；

b）预期的退役策略；

c）论证采用现有或待开发的退役技术实施退役的安全性；

d）退役设施与在役设施公用辅助系统的接口安排；

e）退役过程对环境的影响；

f）退役废物管理；

g）退役费用及筹措方式和保障机构。

5.1.4　在核设施运行适当时间后或发生重大事件或事故后，必须制定核设施退役中期计划，如果在投产后尚未制定中期计划，在发生重大事件或事故后必须立即制定并上报主管部门。在制定中期计划时，必须考虑已变化的各种因素，例如退役技术的发展、现行国家法规和政策的改变、核设施本身的状况、退役资源保障、退役费用的估计等。核设施运行期间发生的任何事件、事故对核设施退役的影响，必须反映在中期计划中。

5.1.5　核设施最终关闭时，应开始进行详细研究和完成退役整体计划并上报主管部门审批。退役整体计划的内容除上述内容外，应特别关注待退役设施重大退役活动的顺序安排、待退役设施与在役设施公用辅助设施的接口、安全相关系统的维护和（或）建立建议、退役废物的管理及相关设施、重要退役技术的选择及研发、退役目标的确定、时间进度的设想、退役费用的框算及筹措方式等。

5.2　在退役经费和退役技术能保障退役活动的安全时，应采取立即拆卸的退役策略。在退役经费和退役技术不充分时，可选择延迟拆卸的退役策略，但必须向有关部门申述理由并承诺后续退役经费筹措及退役技术研究开发。延迟拆卸的退役工程完工后，保留的核设施的潜在的危害性应有明显降低，并应定期向主（审）管部门提交保留核设施现状报告。报告内容应包括：监测项目，监测结果，安全评价，发生的事件、事故及处理结果、后续监护计划等。

2.3.3 《核电厂建设项目经济评价方法》

2011 年，国家能源局发布了《核电厂建设项目经济评价方法》（NB/T

20048—2011）能源行业标准（详见附件 3），规定了核电厂建设项目经济评价的方法与参数，适用于压水堆核电厂建设项目经济评价，其他核动力建设项目可参照执行。

该标准分为：前言、范围、规范性引用文件、总则、财务分析方法、不确定性分析与风险分析方法、经济费用效益分析方法、财务分析参数、项目经济性评价结论及资料性附录 A、B、C、D。其中涉及核设施退役的条款如下：

4.1.7.1　总成本费用可分解为固定成本和可变成本。固定成本包括折旧费、摊销费、修理费、工资及福利费、退役基金、保险费、其他费用及财务费用等；可变成本包括核燃料费、乏燃料后处理费用、材料费、水费、中低放废物处理处置费、核应急费等。同时要求计算电力的单位生成总成本。

4.1.7.12　退役基金指核电站运行寿命结束后，对电站采取拆除或封闭等措施准备的资金。

在国家出台明确的年退役基金标准规范之前，建议年退役基金从投产后第一年开始平均提取，直至计算期末。计算公式见公式（17）。

$$年退役基金=核电站建设工程固定资产原值\times年退役基金提取率 \quad (17)$$

有关“固定资产原值”估算，该标准 4.1.3 规定如下：

在项目可行性研究阶段，固定资产原值按简化公式（1）计算：

$$固定资产原值=工程建成价\times固定资产形成率 \quad (1)$$

有关“工程建成价”，该标准 4.1.2 规定如下：

项目总投资指核电厂建设项目自前期工作开始至项目全部建成投产运营所需要投入的资产总额，包括工程建成价和生产流资金。工程建成价分别形成固定资产、无形资产、其他资产。

有关“固定资产形成率”该标准未明确规定。通常是指，固定资产原值除以工程造价所得比值。

有关“退役基金提取率”，该标准附录 D（资料性附录）财务分析参数 D.1.9 规定：退役基金运营期内累计提取率为 10%。

2.3.4 《中国核工业集团公司会计制度》

《中国核工业集团公司会计制度》第 2 版于 2008 年实施，在第 2 版附录二《固定资产弃置费实施细则》中规定：

第一条 弃置义务指根据国家法律和行政法规、国际公约等规定，企业承担的环境保护和生态恢复等义务所确定的支出，包括核电企业的核岛设施退役费和其他核工企业的相关设施退役费等。一般性的固定资产发生的报废清理费用不属于固定资产弃置费，作为固定资产处置处理。

第九条 以下企业应计提弃置费：

（一）核电企业：应在投入商运时计提弃置费用，按国家相关部委规定的标准和方法进行。

（二）核燃料企业：

1）离心机弃置费

离心机弃置费终值总额按 1 亿元计提。

折现年限按离心机组运营期 15 年确定。

已投入生产企业已运营年限不再补提弃置费，按总金额除以全寿期运营期再乘以剩余运营年限计算得出应计提弃置费总额。

2）铀转化生产线弃置费

404 厂：终值 10 968.44 万元，房屋建筑物折现年限 20 年，机器设备折现年限 12 年，折现率 7.29%。

3）核燃料原件生产线

终值按 5000 万元计提，折现年限按 30 年计算。

（三）铀矿冶企业弃置费

铀矿冶企业弃置费以固定资产原值的 20%提取，折现年限按 15 年计算。

2.4 国外有关法规标准和要求

2.4.1 欧盟

（1）财政资源的征收

欧盟成员国已经有明确的相关法律规定，并提出了核设施退役及残留放射性废物管理的筹资要求。从关于核电站退役的财政资源使用的第一份报告推断出，从过去的结果看，退役的筹资是一个复杂的问题，存在各种方法。而现有的机制，尽管是不同的，但效果令人满意，内部市场的产生已经在管理这些财政资源方面引起了日益增强的对于透明性和协调性的要求。

欧盟开始于二十年前的许多退役工程经验表明有足够的财政资源可用。这些工程包括各种类型和尺寸的设施，其中一些已经到达退役的最后阶段并涉及许多利益相关者，证明退役活动能够以安全有效的方式进行。

尽管各成员国国家体系是不同的，但他们都遵循污染者付费原则，如果营运方得到了设施的利益，就必须留出足够的储备，以支付退役及相关废物管理的费用。这些为退役和废物管理的储备通常由营运方定期征收，主要来自向消费者售电所得。以核电站为例，一些营运方扣除售电收入的百分比，其他的营运方则在每 kWh 售电收入中扣除固定的金额。无论什么形式的资金征收或储备规定，需定期（通常每年）修改征收的标准，以考虑短期变数，如电力市场的发展（价格）和每个设施生产量的变化等。

需要每三到五年对应满足的储备的目标数量进行修改，包括修改对退役和废物管理的成本估计。应根据确定的策略或支出预测做出这些再估计，并考虑关键的金融参数（通货膨胀、贴现率），以及一些长期费用。无论采取什么方法，目标都是进行退役活动时储备有足够的资金。

（2）财政资源的管理

已经有 9 个成员国选择了外部管理方式，即与核电营运方的账户分开。他们是捷克、芬兰、匈牙利、意大利、立陶宛、荷兰、斯洛伐克、西班牙和瑞典。这种管理模式的透明度更高，因此较容易查证财政资源是否可用、是否足够达成预期的目的。外部管理的资源通常被投资于财政证券，因此预期收益是投资报酬风险的一个因素。因为所选的财政证券形式的风险是最小的，因此可以想象仅有较低的收益水平。然而，万一营运方破产了，它可以确保退役活动仍然有足够的财政资源。

在法国和德国，用于退役的财政资源以储备的形式进入到电力生产方的账户。在这种情况下，意味核电营运方，同时担负财政和技术责任，并且在内部管理资源。这种管理财政资源的方式非常灵活。财政和技术责任联合可能为财政资源的可靠管理提供好的保证，但此方式没有提供如外部管理一样的透明度。因此需要相当大的努力来作出正确的判断，判断财政资源是否可用、足够，并专门用于指定用途。这些财政资源的收益预计高于外部管理的收益。如若财政资源是可追踪和可确认的，这使退役筹资更便宜、更有效。

在比利时直到 2003 年，财政资源一直被保持在核电营运方的账户上。2003 年颁布了明确的法律，规定这些资源以储备金的形式保持在核电营运方的账户上，但当国家认为财政资源的管理危及储备金安全时，可以行使否决权。

英国正在重建核债务筹资的结构和方法。而 British Energy 的情况更复杂，因为公司正在调整，20 世纪 40 年代至 60 年代核研究厂址（由 BNFL 和英国原子能机构运行）以及 20 世纪 60 年代至 70 年代 Magnox fleet（由 BNFL 运行）的债务被转移到新组建的核退役机构（NDA），从 2005 年 4 月 1 日开始运行。NDA 本身不执行退役，它的任务是开发可实现的、全面的核设施退役策略。

2.4.2 美国

2.4.2.1 审管要求

美国核管会（NRC）

美国 NRC 关于退役成本估计和筹资的条例包含在 10 CFR 50、10 CFR 50.75 和 10 CFR 50.82 部分里，并且在 USNRC-SECY-98-164“退役财务保证的最终规定”里进一步规定和扩展。“最终规定”为确保反应堆退役时退役资金可用提出了下面的要求。

依照 10 CFR 50.82（a）（1）（i），要求决定永久停止运行的核设施许可证持有人在决定的 30 天内向 NRC 提交书面证明。一旦遵照设施的技术规格书，将燃料从反应堆包壳永久移除到乏燃料池里，并且已经被 NRC 接受和备案此事件的证明，将不再批准反应堆的运行或者允许将燃料移回到反应堆包壳里。

对于动力反应堆许可证持有人，10 CFR 50.82（a）（3）规定必须在永久停止运行 60 年内完成退役。当对保护公众健康和安全有必要时，超过 60 年完成退役必须由 NRC 批准。“关于核设施退役的最终一般环境影响陈述”NUREG-0586，描述了退役可选择的方案和反应堆退役相关的环境影响。许可证持有人可选择使用几种方案的组合，例如在贮存期前进行设施的局部去污，贮存期后紧接着完成全面去污。在退役期间，许可证持有人必须遵守其他所有适用的导则和条例。

除了为退役维持合理的财务保证外，也有提交给 NRC 审议退役成本的要求：

10 CFR 50.75（f）（2）要求许可证持有人“应该在计划运行结束 5 年前或大约 5 年前提交一个初步的退役成本估算，包括可能影响退役成本的主要因素的最新评价”。如果有必要，许可证持有人也必须在初步的成本估算中包括调整资金储备的计划以证明财务保证的合理水平。

10 CFR 50.82（a）（4）（i）要求许可证持有人提供关闭后退役活动报告（PSDAR）。PSDAR 将包括许可证持有人计划的退役活动的描述、重要里程碑完成的进度表和预计成本的估计。在永久停止运行 2 年前或 2 年内提交 PSDAR。

10 CFR 50.82（a）（8）（iii）要求许可证持有人在永久停止运行两年内提供特定厂址的退役成本估算。另外，10 CFR 50.75（c）规定退役资金最初的证明数量应基于申请者和许可证持有人必须满足的最小筹资数量。另外，许可证持有人可以提交证明，证明基于特定厂址的成本估计等于或大于计算出的最小筹资数量。

10 CFR 50.82（a）（9）（ii）要求许可证持有人提供“最新的特定厂址的剩余退役成本的估算”作为许可证终止计划（LTP）的一部分，必须至少在许可日期终止前两年提交。

运行中的核动力反应堆的许可证持有人必须提供合理的保证，资金可用于永久停止运行的 60 年内完成退役。这些要求确保许可证持有人拥有有效的财务保证，数量可能多于但不少于最小筹资数量（MFA）。

如果 P 等于反应堆的热功率（MW），最小筹资数量 MFA（百万美元）是：

对于压水反应堆（PWR）：MFA=（$75+0.0088P$）

对于沸水反应堆（BWR）：MFA=（$104+0.009P$）

对于压水堆或沸水堆，如果反应堆的热功率小于 1200 MW，用在这些方程中的 P 值是 1200，如果热功率大于 3400 MW，3400 用于 P 值。也就是说，P 决不小于 1200，也不大于 3400。

上面方程中计算出的财务保证数量基于 1986 年 1 月的美元。为了说明从 1986 年到现在年度的膨胀率，必须每年调整这些数量，通过乘以扩大因子

（ESC）。ESC 是：

$$\text{ESC（现在年）}=（0.65L+0.13E+0.22B）$$

其中 L 和 E 分别是从 1986 年到现在年劳动力和能源的 ESC，B 是从 1986 年到现在年的废物填埋的每年的 ESC。因此，最小筹资数量（MFA）是：

$$\text{MFA（百万，现在年美元）=MFA} \cdot \text{ESC（现在年）}$$

例如，一个热功率为 2536 MW 的沸水反应堆（BWR）在 1986 年立即拆除的退役成本是 126.82 百万美元（97.55 百万欧元），在 2002 年乘以扩大因子后将是 424.36 百万美元（326.43 百万欧元）。扩大因子计算如下：

$$\text{ESC}=0.65L（1.922）+0.13E（1.135）+0.22B（8.86）=3.346$$

10 CFR 50.75（f）（1）要求许可证持有人至少每 2 年一次报告退役资金的状态。

尽管支持退役的活动可能发生，但直到 NRC 收到 PSDAR 90 天后才可以开始主要的退役活动（在 10 CFR 50.2 中定义）。90 天周期的目的是为 NRC 职员提供足够的时间检查 PSDAR，公布收到 PSDAR 的告示，在设施附近举办公开会议讨论许可证持有人的退役计划，在主要的退役活动开始前进行所有必要的安全检查。

在 NRC 收到 PSDAR 90 天后，证明永久停止运行和从反应堆包壳永久移除燃料后，许可证持有人可能通过使用 10 CFR 50.59 中描述的过程（要求做出评价以确保在提议的活动中没有未审议的安全问题），开始主要的退役活动。主要的退役活动被定义为“导致主要的放射性组件永久移除、永久更改防泄漏系统结构的任何活动，或导致运输含超 C 类废物的拆除组件……”。主要的放射性组件被定义为“反应堆包壳和内部构件、蒸汽发生器、加压器、大直径反应堆冷却系统管和其他放射性高的大组件”。

Part 50 许可证终止的申请必须包括许可证终止计划。许可证终止计划必须是最终安全分析报告（FSAR）的补充，或者等同于 FSAR，且必须至少在 PSDAR 预计的许可证终止期前 2 年提交。

许可证持有人使用这些资金的资格取决于在退役过程中达到确定的里程碑。这种对退役资金可达性的限制设计为的是确保总是有足够的信托基金可用于使设施处于安全稳定的状态，最终使退役和许可证终止。在提交特定厂址的退役成本估计前，许可证持有人最多可使用退役信托基金数量的 23%（10

CFR 50.75 中规定）用于退役活动。包括在这 23%内的最初的 3%可由许可证持有人使用，甚至在永久停止运行前用于退役计划编制。剩余的 20%可用于实际的退役活动。这 20%仅可在许可证持有人提交了永久关闭和反应堆卸料证明，且在提交 PSDAR90 天后才可使用。在许可证持有人向 NRC 提交了特定厂址的退役成本估算后，剩余的退役信托基金可用于退役活动。50.82 部分要求许可证持有人在运行永久停止后不迟于 2 年提交特定厂址的成本估算。

NRC 认识到在退役计划编制期间，有必要考虑导致许可证终止和乏燃料贮存的活动。NRC 也认可许多许可证持有人已经决定为乏燃料维护和贮存收集资金［10 CFR 50.54（bb）要求］作为退役信托基金的一部分。然而，10 CFR 50.75 要求的留出用于放射性退役的资金不能用于乏燃料池中乏燃料的维护和贮存，用于乏燃料干式贮存设施的设计或建造，与长期贮存、辐射去污或设施拆除、厂址去污不直接相关的其他活动。

国家公用事业委员会

国家电力事业被监管的州，州公用事业委员会负责确定退役资金的数量。一个金融机构通常管理信托资产和投资，可能通过股票（证券）或者可靠的金融手段使资金覆盖退役时逐渐升高的退役成本。

非监管的事业公司

事业公司没被监管的州，业主/许可证持有人可能也将资金放在金融机构管理，或者可能将资金保留在内部。通常，非监管的事业公司将确定退役时需要的资金数量，并为此建立内部储备金。如果储备金的数量降到预计的退役成本水平之下，事业公司可能延迟退役直到资金余额充分上涨，或者可能增加额外的费用以达到退役所需的最小值（称为“完成支付”）。

美国能源部（DOE）

DOE 设施退役和厂址补救的资金来自 DOE 的预算，每年由国会从政府预算（从纳税人征收）中分配。过去，每个工程在财政年度内提交为完成目标所需的资金申请。如果预算减少，将减少计划工作的范围使之与可用资金匹配。近年来，DOE 已经开始了早于原先计划的清理这些设施和厂址的加速计划。为了确保足够的资金可用，DOE 明确特定的厂址为“关闭工程”，在其中为整个设施建立了预算资金，并延伸到退役的整个时期。这样，现场的承包人可以调配资源和转包合同以迅速地执行计划而没有因为资金而中断或延迟。已经证明这种储备资金方法在加速工程方面是非常成功的。

2.4.2.2 退役经费管理

有广泛的退役财政援助要求应用于 NRC 和协议州许可证持有人。这些要求帮助确保商业设施在它们有效寿期结束后能够有资金用于退役。资金机制包括外部偿债基金和担保。资金的数量从非常少量放射性物质许可证持有人的没有到具有大范围的退役责任的大设施的数千万美元。

自 1988 年起，NRC 已经要求许可证持有人为退役提供财政援助。对于反应堆，条例指出了在许可证持有人控制外的资金必须留出的最小数量，即外部管理模式。留出的数量依照反应堆类型、地理位置和退役方法而定。对于放射性退役，要求的数量不包括乏燃料管理或非放射性成本，范围从 3.5 亿美元到 5.5 亿美元不等。基于废物处置成本、能源成本和人力成本的增加因素，每年都要调整数量。调整因子出版在 NUREG-1307“废物处置费用报告：在低放废物填埋设施处置退役废物的成本挑战”中。许可证持有人通过审管权力设定电费，设定电费的权力由州政府掌握而不是 NRC。由于在美国一些区域解除了电费管制，一些 NRC 反应堆许可证持有人可能通过市场拍卖过程设定电费而不是通过审管权力。在这个意义上，反应堆许可证持有人对电费的设定必须服从市场力量，因此必须在开始运行前留出退役资金，而不是随时间积累资金。

要求任何商业核设施都要满足 NRC 关于财务保证的要求。要求公司为每个反应堆建立一个退役基金。然而，这仅仅适用于已经变为放射性设施的部分。有下列三种筹集资金方式用于将来的退役：

① 电力公司确保退役成本合并进产生的电力成本中——称为“外部偿债基金”——然后资金被留在信托基金里被单独管理，以产生足够用于退役的资金。在基金里的资金被留在独立于许可证持有人的账户上。可以是信托基金、第三者保管账户、政府基金、抵押证券、政府证券或其他款项。

② 设立预付账户以便电力公司在设施开始运行前留出资金。

③ 保证债券、银行信用证或保险（其他可接受的退役财务保证机制），保证如果公司不履行责任，能支付退役费用。

预计的基金大小以固定金额为基础，基于要退役反应堆的规模和类型。

估计 1100 MW 压水堆将花费 2.8 亿美元用于退役，沸水堆将花费大约 4.65 亿美元。2002 年，财务会计董事会（Financial Accounting Board）采用新的财务报告标准，要求公司使用指定的计算方法学报告预计的退役成本。

描述的条例仅仅涉及电站的技术拆除、去污、拆毁等。在核废物政策法案中，要求电力公司为处置乏燃料和高放废物的地质处置库的厂址特性调查和建设支付费用。要求电力公司按 0.001 美元/kWh 支付费用（截止到 2006 年年中已收集 280 亿美元），这些费用归入核废物管理基金。

许可证持有人必须每两年报告反应堆退役资金的累计。当设施处于它许可寿期的最后五年内，必须每年提交资金状况报告。许可证持有人必须计划在运行许可终止前积累到所需的资金。许可证持续有效直到退役完成和 NRC 颁发终止许可证。

条例要求的退役资金不包括乏燃料管理的成本。应提供单独的资金以覆盖该成本。条例没有设定最小数量，而许可证持有人对其乏燃料管理成本作出自己的估计。然后许可证持有人必须积累足够的资金来覆盖成本。由国家监管机构设定电费的情况下，乏燃料管理的成本通常也包括在电费中。

2.4.3　法国

在法国，废物管理和核设施退役的资金是由其营运者负责的。法国遵循“污染者付费”原则，因此，防护措施、减少和对抗污染产生的成本也必须由污染者承担。这项原则覆盖了法国所有的废物管理体系，并明确包括放射性废物。放射性废物的产生方将废物转移到属于法国国家放射性废物管理机构（ANDRA）的贮存设施或处置库，但这并不意味着他不再需要在经济上负责任。

为了确保退役活动的顺利进行，充足的和需要时有可用的财政资源（基金）是很重要的。2005 年，法国关于这个方面的问题已经发布了几个报告。欧盟（欧盟委员会、欧盟理事会和欧洲议会）发起了几个活动，法国政府也参加了这些活动。

2005 年 1 月，法国财政院发布了一个题名为《核设施退役和放射性废物管理》的特殊报告。该报告不但给出了最近几年财政领域的进步，而且还包含改进目前情况的大量建议。财政院 2006 年年度报告是 2005 年特殊报告的一个后续报告。

为了评估厂址处置的费用，法国工业部设立了一个工作组。2005 年上半年，该工作组根据各种假设确定了费用的范围。

对于三大主要原子能运营者［法国供电公司（EDF）、AREVA 公司、法国原子能委员会（CEA）］来说，未来核设施的退役和放射性废物管理需要的总的花费（债务）大约为 650 亿欧元（2004 年的数据，且未算折扣），相应的折扣值约为 370 亿欧元（3%的折扣率）。

每一个原子能运营者（EDF、AREVA、CEA）在公司内部管理其基金。但是，各个公司的情况又有所不同。AREVA 已经指定了与其运行者估计的总预期花费相应的资产。根据法国财政院的回答，为了能使基金达到 2010 年 EDF 自己规定的水平，2005 年 9 月 EDF 决定在以下几年中有节奏地加快资产的收集。CEA 管理着两个将来需要发展的基金（一个是民用基金，另一个是与威慑力相关的基金）。

2006 年年初，法国核安全局（ASN）在其发布的年度报告中指出以下几个原则：

（1）根据必要基金的规定，确定所有相关的债务；

（2）债务估计的基础；

（3）折扣率；

（4）基金的性质、保管基金的机制（基金的明智管理、已收集的基金用来做什么、保护债权人……）；

（5）资产收集的速度；

（6）资金收集达到预计花费总和后如何取消；

（7）信息公开透明。

与此同时，ASN 阐述了框架（法律、法令、指导方针）的必要性，并且设立监管系统。

2006 年放射性材料和废物可持续管理规划法在其第 20 条中规定如下：

（1）基础核设施（INB）运营者应该谨慎地评定其核设施退役和乏燃料及放射性废物管理的费用。

（2）INB 运营者应该建立财政规定来满足上述费用的需要，并且标记这些资金为核设施退役和乏燃料及放射性废物管理必需的资产，为了达到目的，运营者应该考虑这些资产有足够的安全性和流动性。

（3）除了使用国家力量得到其拆除核设施、管理乏燃料和放射性废物相关的职责外，即使是在商务条例的基础上也没有人能声称拥有该资产的相关权利。

（4）运营者应该每三年向政府管理部门提交一个报告，该报告中包含费用评定的金额，计算这些费用的方法和为了覆盖储备金采用的资金标记组成和管理的选择，该报告中还要包含一个资产组成计划。运营者应该每年提交一份更新这个报告的笔记，并且通知政府部门没有任何一件可能更改报告内容事件的延迟。第一个报告在 2007 年中期已经发布。第二个报告在 2010 年中期发布，目前政府部门能源和气候总理事会（DGEC）正在评估这个报告。2011 年年初，ASN 给了 DGEC 这个报告中技术部分的建议。

（5）如果管理者发现不足和不适当，在听取了运营者意见后，可以采取必要的措施；如果需要，管理者能以罚金的形式补足必要的资产。

（6）为了评定在退役中的 INB 设施和乏燃料及放射性废物管理中的费用，法国成立了一个国家资金评定委员会。这个委员会将发布公众能获取到的报告。

2007 年 2 月 23 日的法令（被 2010 年 12 月 30 日的法令修正）和 2007 年 3 月 21 日的政府规定中详细说明了 2006 年规划法中规定的运营者分类（退役活动和放射性废物的管理）。对规划法第 20 条负责的机构是能源和气候总理事会（DGEC）。新的规章中要求 ASN 对将来退役、拆除和放射性废物管理费用的报告进行评价。这个规章要求为了覆盖将来的费用，许可证持有者的资产应该选择有充足流动性、特殊安全的金融产品。2006 年规划法对于这些事情的规定是基于 ASN 先前的建议。

除了这个关于废物产生者在退役和废物管理费用方面的长期责任的计划外，还通过额外的 INB 税为必要的 R&D［尤其是 Andra 的地质处置工业中心（Cigeo）工程］提供资金，根据 2006 年规划法，这部分税收已经转移到基金中。

根据 2006 年规划法的规定，为了资助高水平和长寿命中等水平放射性废物地质处置工程所在地方和省经济发展计划，通过各自的公众利益群体（GIP），已经执行了一个类似而又不同于前面的两个额外 INB 税（一个是专注于地方扩展计划，另一个用于地方技术普及）计划。

2006 年规划法框架中还执行了特殊的公众资金，主要是用于“小规模核活动（包括私人个体拥有的“家庭”废物）”中废物收集和管理以及厂址的清理问题和污染厂址（通常是前工业厂址）的恢复。

2.4.4 加拿大

正如核安全和控制法案下授权的，加拿大核安全委员会（CNSC，加拿大核审管机构）已经要求营运方为退役成本，包括运行和退役产生的放射性废物的管理成本，提供财务保证。同时也要求在一定的时间间隔或必要时审议和更新退役计划、费用概算、财务保证的条件。

在审管导则文件 G-219“许可活动退役的财务保证”中描述 CNSC 财务保证的标准。CNSC 必须保证它或者其代理机构有足够的融资方法保证许可证所有者在没办法履行退役责任时能筹资并满足相应要求。退役资金筹措方涉及多种管理方式，可接受的管理方式包括：现金、支票、履约保证、保险和相关法律义务（出自政府，包括联邦政府或省级政府）。最终由 CNSC 根据以下标准判断上述措施的可接受性：

① 流动性：提议的融资措施必须是 CNSC 认可的金融媒介，不可因任何原因造成退役资金受阻、不正当延迟或者打折扣。

② 资金总额确定：许可证所有者务必选择合适的筹资方式、安全手段和管理方式，全面保证资金总额。

③ 资金总额充足：筹资措施务必充足、及时，保证退役计划按照预期时间进行。

④ 连续性：退役要求的筹资措施务必保证一定的连续性；这就要求定期补充、修订并替代有价证券。在有必要的情况下，保证储备资金连续，筹资措施应包括预先通知终止或预计不更新的规定。

CNSC 虽然没有规定特殊类型的保证，但是提出了判断每个许可证持有人关于流动性标准、价值确定性、价值连续性的正确性的提议。已经接受各种类型的财务保证，包括分开的或外部的资金、银行信用证和政府担保。

CNSC 许可证中提及的财务保证应完全储备或先付。在考虑贴现后，财务保证必须覆盖退役和乏燃料及放射性废物长期管理的整个成本。因此，没有增加许可的外部资金，除非它们通过其他形式的保证补充。实质上，这意味着建立外部资金的成本被视为类似于设施的资本成本。

当财务保证是以外部资金的形式时，退役成本可能由资金外支付。CNSC 批准了控制资金的法律协议，包括支出的总安排，但是没有要求批准单独支付。不允许许可证持有人撤回资金或借用资金用于退役外的目的。

当财务保证是以银行信用证的形式时，退役的实际成本由业务基金外支付，而不是从保证金支付。考虑退役工作的完成和/或新退役债务的出现，通常每年定期调整银行信用证的价值。

政府保证的类型有两种。一种是根据法律协议，政府保证支付确定数量的钱给 CNSC，如果设施的许可证持有人不能履行他的责任，这种保证类似于银行信用证。第二种是政府保证承担退役的全部责任。

2.4.4.1　财务保证金额的建立

财务保证的金额是基于初步退役计划的成本估计。条例要求由许可证申请者提交退役计划。审议并经 CNSC 同意后，许可证持有人提出财务保证，当认可后，合并进许可条件中。

对于核反应堆和大型研究设施，退役计划涉及延长的时间周期，包括退役开始前和退役本身期间。贴现值或现值的成本估计用于确定这些设施的财务保证金额。如果营运方做了改变退役周期的决策，如作为决策的结果，过早地关闭了电站，要求营运方对财务保证作出改变。

对于铀矿，退役成本没有贴现，但是退役后的矿山尾矿的维护和监测成本是以贴现的基础估计的。

2.4.4.2　实践中的财务保证

Ontario 省政府是加拿大安大略电力公司（OPG）的唯一股东，是 Bruce、Darlington 和 Pickering 电厂的业主。OPG 已经决定提供外部资金作为所有这些电厂及它们相关的废物管理设施的财务保证。正由 OPG 建立资金，超过大约 10 年的时期。政府已经向 CNSC 提供了补充的保证。省政府也保证投资在 OPG 退役基金的回报率。

NB Power’s Point Lepreau station 的财务保证是外部资金，覆盖退役和废

物管理总成本贴现后的现值。对于 Hydro-Québec 的情况，省政府向 CNSC 提供了直接的保证，数量等于退役和废物管理估计的总成本，并折现到 Gentilly-2 电厂计划关闭的日期。

联邦政府还没有留出 AECL 设施退役的资金，包括两个研究实验室厂址和三个原型动力反应堆。当有实际费用时，政府在预算拨款外支付退役成本。

对于燃料循环和同位素设施现有的财务保证，主要以银行信用证的形式。对于 Saskatchewan 省运行的矿山，银行信用证支付给省政府而不是 CNSC，反映出省是土地所有者，以及负责安全和环境保护的机构的事实，并且一旦采矿公司结束运行，将解除它的许可责任。对于许多遗留废物厂址，政府而非私人机构负责退役、补救和/或接下来的监测和维护的成本，在这些情况下，财务保证通常不受政府保证的限制。

大学的研究堆和除 AECL 外的研究设施的退役财务保证包括外部资金、银行信用证、政府保证和大学的自我保证。这种多样性反映出这些设施的所有者不同。

附件 1:《核电站乏燃料处理处置基金征收使用管理暂行办法》

第一章　总　则

第一条　为促进核电事业发展，规范核电站乏燃料处理处置基金（以下简称乏燃料处理处置基金）的征收、使用和管理，根据国务院批示精神，特制定本办法。

第二条　乏燃料处理处置基金的征收、解缴、使用和监督检查等适用本办法。

第三条　乏燃料处理处置基金属于政府性基金，收入全额上缴中央国库，按照“收支两条线”原则纳入中央财政预算管理。

第二章　征　收

第四条　凡拥有已投入商业运行五年以上压水堆核电机组的核电厂（以

下简称核电厂)，应当按照本办法规定缴纳乏燃料处理处置基金。

第五条　乏燃料处理处置基金按照核电厂已投入商业运行五年以上压水堆核电机组的实际上网销售电量征收，征收标准为 0.026 元/千瓦时。今后，财政部会同国家发展改革委、工业和信息化部、国家能源局、国防科工局等部门根据核电发展规模及乏燃料处理处置资金需求的变化，适时调整征收标准。

第六条　乏燃料处理处置基金计入核电厂发电成本。

第七条　乏燃料处理处置基金由财政部驻核电厂所在省、自治区、直辖市、计划单列市财政监察专员办事处（以下简称专员办）负责征收，并实行直接缴库。

第八条　核电厂应于每年 1 月 10 日前向所在地专员办申报上年实际上网销售电量和应缴纳的乏燃料处理处置基金。专员办应于每年 1 月 20 日前完成对申报的审核，并向申报企业开具《非税收入一般缴款书》。核电厂应在 5 日内按照专员办开具的《非税收入一般缴款书》所确定的缴款额足额上缴资金。缴库时填列《政府收支分类科目》103 类“非税收入”，01 款“政府性基金收入”，66 项“核电站乏燃料处理处置基金收入”（新增）。

第九条　核电厂应按照本办法规定及时足额上缴乏燃料处理处置基金，不得拖欠。凡无正当理由拖欠缴纳乏燃料处理处置基金的，专员办应责令其尽快补缴，并从逾期之日起按日加收滞纳金额 1‰的滞纳金。滞纳金纳入乏燃料处理处置基金收入管理。

第三章　使　用

第十条　核电厂缴纳的乏燃料处理处置基金，由政府相关部门和机构专项用于乏燃料处理处置。具体使用范围包括：

（一）乏燃料运输；

（二）乏燃料离堆贮存；

（三）乏燃料后处理（含乏燃料后处理中试厂进行的商用核电站乏燃料后处理）；

（四）乏燃料后处理所产生的高放废物的处理处置；

（五）乏燃料后处理厂的建设、运行、改造和退役；

（六）乏燃料处理处置的其他支出。

第十一条 乏燃料处理处置基金年度预算，应优先安排乏燃料运输、乏燃料离堆贮存、乏燃料后处理、高放废物处理处置等支出，再安排乏燃料后处理厂建设、运行、改造和退役等相关支出。

第十二条 乏燃料处理处置基金年度使用计划由国家发展改革委、工业和信息化部、国家能源局、国防科工局商财政部确定。乏燃料处理处置基金具体项目的安排使用由国防科工局负责，其中大型商用核电站乏燃料后处理厂建设项目资金的安排使用由国家发展改革委会同国家能源局负责。

第十三条 财政部根据乏燃料处理处置基金年度使用计划及具体项目的进展情况，按照政府性基金预算编制规程，编制乏燃料处理处置基金年度收支预算。

第十四条 财政部根据乏燃料处理处置基金收支预算和乏燃料处理处置基金实际征收入库情况安排资金。资金支付按照财政国库管理制度有关规定执行，支出填列《政府收支分类科目》第 206 类“科学技术”10 款“核电站乏燃料处理处置基金支出”（新增）01 项“乏燃料运输”、02 项“乏燃料离堆贮存”、03 项“乏燃料后处理”、04 项“高放废物的处理处置”、05 项“乏燃料后处理厂的建设、运行、改造和退役”、99 项“其他乏燃料处理处置基金支出”。

第十五条 乏燃料处理处置基金年终结余结转下年度继续使用。

第四章 监督检查

第十六条 未经国务院或财政部批准，任何地方、部门和单位不得擅自改变乏燃料处理处置基金的征收对象、范围和标准，不得减征、免征、缓征、停征乏燃料处理处置基金，也不得改变乏燃料处理处置基金的使用范围和原则。

第十七条 乏燃料处理处置基金的征收、解缴、使用等应当接受财政、审计、投资管理部门的监督，任何单位或者个人不得拒绝、妨碍和阻挠。

第十八条 对于违反本办法，不缴、少缴、缓缴乏燃料处理处置基金或者侵占、截留、挪用乏燃料处理处置基金的责任单位及责任人，按照《财政违法行为处罚处分条例》（国务院令第 427 号）以及国家有关法律法规规定处理；涉嫌犯罪的，移交司法机关依法处理。

第五章　附　则

第十九条　本办法自 2010 年 10 月 1 日起施行。

第二十条　本办法施行前，相关核电厂预提且尚未使用的乏燃料处理处置资金，应按本办法第八条规定的上缴方式，于 2010 年 10 月 15 日前向当地专员办申报和上缴本企业预提且尚未使用的乏燃料处理处置资金。

第二十一条　确有困难无法一次性缴纳预提且尚未使用的乏燃料处理处置资金的核电厂，应于 2010 年 10 月 15 日前向当地专员办提出延期或分期缴纳的书面申请并随附相关材料，由专员办核实情况并报财政部审批后执行，延期或分期缴纳的期限最长不得超过 3 年。

第二十二条　为保障核电厂的安全运行及乏燃料处理处置，国防科工局应负责督促相关单位及时转运乏燃料。

第二十三条　本办法由财政部负责解释。

附件 2:《核电站乏燃料处理处置基金项目管理办法》

第一章　总　则

第一条　为规范我国核电站乏燃料处理处置基金（以下简称基金）项目管理，保障基金合理和有效使用，依据《核电站乏燃料处理处置基金征收使用管理暂行办法》（财综〔2010〕58 号）及其他有关规定，制定本办法。

第二条　核电站乏燃料处理处置基金属于政府性基金，专项用于核电站乏燃料处理处置。具体使用范围包括：

（一）乏燃料运输；

（二）乏燃料离堆贮存；

（三）乏燃料后处理（含乏燃料后处理中试厂进行的商用核电站乏燃料后处理）；

（四）乏燃料后处理所产生的高放废物处理处置；

（五）乏燃料后处理厂的建设、运行、改造和退役；

（六）乏燃料处理处置的其他支出。

第三条 基金项目预决算和经费使用管理按照财政部有关规定执行。

第四条 基金项目中涉密事项按照国家相关保密管理规定的要求执行。

第二章 管理职责

第五条 国家国防科技工业局（以下简称国防科工局）负责基金项目的管理。主要职责是：

（一）会同财政部编制和发布基金项目规划；

（二）编制下达基金项目年度计划；

（三）负责基金项目的审批、监督检查、审计、验收与后评估；

（四）承担基金项目范围内乏燃料管理的监督责任；

（五）负责基金项目执行过程中的重大事项协调。

第六条 项目承担单位的上级单位承担本系统基金项目的管理和项目范围内乏燃料管理职责。主要包括：

（一）组织所属项目承担单位履行相关乏燃料管理责任，并进行监督检查；

（二）组织编制及报送所属单位基金项目规划建议及年度计划建议；

（三）审查所属单位基金项目申报文件并及时报送；

（四）组织所属单位基金项目的实施，并对实施情况进行监督检查；

（五）组织编制及报送所属单位基金项目预算和财务决算；

（六）国防科工局委托的其他事项。

第七条 项目承担单位具体负责基金项目的实施管理和项目范围内的乏燃料管理。主要职责是：

（一）承担本单位基金项目范围内相关乏燃料管理的直接责任；

（二）编制及上报本单位基金项目规划建议；

（三）编制及上报本单位基金项目申报文件；

（四）编制及上报本单位基金项目年度计划建议；

（五）编制及上报本单位基金项目预算和财务决算；

（六）负责本单位基金项目实施和日常管理；

（七）负责本单位基金项目验收的申请和准备。

第八条 国防科工局组织成立专家委员会，协助开展战略和规划研究、项目评审、检查和验收工作。建立健全专家评审制度、问责制度和回避制度。

第三章　项目申报与审批

第九条　基金项目实施专项规划管理。专项规划分为近期规划和中长期规划，近期规划的规划期为 5 年，中长期规划的规划期为 10 年。

（一）项目承担单位的上级单位根据实际需求，提出本部门基金项目规划建议。

（二）国防科工局会同财政部组织编制基金项目规划，用于指导项目的申报与审批。

（三）规划期内，如确需要，国防科工局可直接向有关项目承担单位的上级单位下达运输及贮存等工作任务。

第十条　基金项目分为乏燃料运输、设施建设、设施运行、设施退役四类。重大设施建设项目的前期工作可作为基金项目申报，视同设施建设类项目管理。各类项目申报文件的格式及要求按国防科工局有关规定执行。

第十一条　基金项目的申报，面向具备乏燃料处理处置有关资质的单位。

第十二条　乏燃料运输类项目按以下程序申报审批：

（一）依据规划或任务，项目承担单位的上级单位组织所属运输单位编制五年规划期内乏燃料运输方案报国防科工局。

（二）国防科工局对乏燃料运输方案组织评估或审查后，商财政部进行批复。

（三）规划期内如确需对运输方案进行调整，由项目承担单位的上级单位向国防科工局提交调整申请，国防科工局审查后按规定程序办理批复。

第十三条　设施建设类项目按以下程序申报审批：

（一）设施建设类项目申报审批分为项目建议书、可行性研究报告和初步设计三个阶段。

（二）依据规划，项目承担单位的上级单位组织所属相关单位编制项目建议书报国防科工局。国防科工局组织评估或审查后，商财政部进行批复。

（三）依据项目建议书批复，项目承担单位的上级单位组织所属相关单位编制项目可行性研究报告报国防科工局。国防科工局组织审查后，对可行性研究报告进行批复。

（四）依据项目可行性研究报告批复，项目承担单位的上级单位组织所属相关单位编制项目初步设计，国防科工局或委托项目承担单位的上级单位组织审查后，对项目初步设计进行批复。

第十四条 设施运行类项目按以下程序申报审批：

（一）依据规划，项目承担单位的上级单位组织所属相关单位编制五年规划期内的设施运行方案报国防科工局。

（二）国防科工局对设施运行方案组织评估或审查后，商财政部进行批复。

（三）规划期内如确需对设施运行方案进行调整，由项目承担单位的上级单位向国防科工局提交调整申请，国防科工局审查后按规定程序办理批复。

第十五条 设施退役类项目按以下程序申报审批：

（一）设施退役类项目的申报审批分为项目建议书、可行性研究报告和初步设计三个阶段。

（二）依据规划，项目承担单位的上级单位组织所属相关单位编制项目建议书报国防科工局。国防科工局组织评估或审查后，商财政部进行批复。

（三）依据项目建议书批复，项目承担单位的上级单位组织所属相关单位编制项目可行性研究报告报国防科工局。国防科工局组织审查后，对可行性研究报告进行批复。

（四）依据项目可行性研究报告批复，项目承担单位的上级单位组织所属相关单位编制项目初步设计，国防科工局或委托项目承担单位的上级单位组织审查后，对项目初步设计进行批复。

（五）对于特别重大、复杂的退役项目可视具体情况分阶段审批，但应在项目建议书批复中明确审批节点与要求。

第十六条 用于乏燃料处理处置其他支出的项目，由国防科工局商财政部研究办理。

第十七条 不具备批复条件的项目，由国防科工局告知项目承担单位的上级单位；规划外项目，国防科工局商财政部研究办理。

第十八条 多个项目承担单位联合申报项目，应明确牵头责任单位及联合申报各单位的职责、分工和经费分配等内容。

第四章　基金项目年度计划与预算

第十九条 基金项目年度计划按以下程序确定：

（一）项目承担单位根据批复的项目建议书、可行性研究报告等（运输类和设施运行类项目完成方案批复、设施建设类和退役类项目完成可行性研究报告批复），提出本单位基金项目下年度计划建议；

（二）项目承担单位的上级单位汇总基金项目年度计划建议，并于每年 7 月 31 日前编制本系统基金项目年度计划建议报国防科工局；

（三）国防科工局审核项目承担单位的上级单位基金项目年度计划建议，于 9 月 30 日前提出基金项目年度计划，商财政部确定后下达项目承担单位的上级单位。

（四）基金项目申请列入项目年度计划，应符合下列要求：

1. 符合基金项目年度计划的安排原则和支持方向；

2. 首次列入的基金项目，应符合预算管理的要求；

3. 结转安排的基金项目，其上一年度计划执行情况良好，本年度计划内容、进度节点和经费需求明确；

4. 国家规定的其他条件。

第二十条　基金年度预算申报与审批：

（一）根据基金项目年度计划，项目承担单位的上级单位提出下一年度经费预算建议，按照部门预算管理程序报财政部审批。

（二）项目承担单位和项目承担单位的上级单位应严格执行有关规定，加强预算管理，切实提高预算执行率。

第二十一条　项目承担单位的上级单位与项目承担单位应严格遵照下达的基金项目年度计划执行，不得擅自调整。执行过程中因出现重大情况必须调整的，项目承担单位的上级单位应于当年 8 月 15 日前向国防科工局上报基金项目本年度计划调整申请，国防科工局综合平衡后，于当年 8 月 31 日前向财政部提出预算调整建议。乏燃料运输和离堆贮存项目年度计划调整申请应附必要的补救措施和相关核电企业的意见。

第五章　项目组织实施

第二十二条　项目承担单位按照有关规定，依据批复要求和年度计划，做好项目实施过程中的进度、质量、安全和资金的管理。

第二十三条　项目承担单位的上级单位应按照项目批复和有关规定，指导、督促本部门项目承担单位完成项目任务，及时协调处理各种问题，定期对本系统的项目执行情况进行监督检查。

第二十四条 国防科工局定期或不定期组织对项目进展、预算执行和经费使用情况进行监督检查。

第二十五条 基金项目管理实行报告制度。

（一）乏燃料运输和设施运行类项目，由项目承担单位提交年度总结，经项目承担单位的上级单位汇总后，于每年 1 月 31 日前，向国防科工局书面报告上年度项目执行情况、资金使用情况、存在的问题和解决措施、建议等。

（二）设施建设和设施退役类项目，由项目承担单位提交半年总结和年度总结，经项目承担单位的上级单位汇总后，于每年 7 月 15 日和次年 1 月 31 日前，向国防科工局书面报告项目执行情况、资金使用情况、存在的问题和解决措施、建议等。

（三）项目实施过程中发生的重大事项，项目承担单位应及时通过项目承担单位的上级单位上报国防科工局。

第二十六条 对于不能按批复要求完成的项目，项目承担单位应及时通过项目承担单位的上级单位，向国防科工局报送终止、撤销或调整的申请。

第六章 财务决算与项目验收

第二十七条 大型设施建设和设施退役类项目完成后 6 个月内，其他项目完成后 3 个月内，项目承担单位编制财务决算，国防科工局组织对项目财务决算进行审计，并下达审计决定或出具审计意见。

第二十八条 投资 1 亿元以下（含 1 亿元）项目的财务决算，财政部授权国防科工局审批；投资 1 亿元以上项目，经项目承担单位的上级单位初审后报国防科工局审核，国防科工局提出审核意见后报财政部审批。

第二十九条 基金项目由国防科工局或委托项目承担单位的上级单位组织验收。项目验收实行计划管理，乏燃料运输和设施运行类项目应在批复周期结束后一年内完成验收。设施建设、设施退役及其他类项目应在项目批复周期内完成验收。

第三十条 项目承担单位的上级单位应于每年 12 月 31 日前向国防科工局报送本系统下年度应验收的项目建议；不能按期验收的，应向国防科工局提交延期申请。

第三十一条　国防科工局于每年 3 月 31 日前下达当年项目验收计划，明确验收时间、验收组织部门等。

第三十二条　验收计划中明确由国防科工局组织验收的项目，项目承担单位的上级单位应在验收前 2 个月，按有关规定向国防科工局报送验收申请文件及相关材料，国防科工局按验收计划组织专家验收，验收通过后下达验收批复。未通过验收的项目，限期（不超过 6 个月）整改后申请第二次验收。第二次验收仍未通过的，项目承担单位五年内不得申请基金项目。

第三十三条　验收计划中明确由项目承担单位的上级单位验收的项目，项目承担单位应在验收前 2 个月向项目承担单位的上级单位提交项目验收申请文件及相关材料，项目承担单位的上级单位应按验收计划组织验收工作，并将验收批复报国防科工局备案。

第三十四条　国防科工局根据基金项目实施具体情况，适时组织开展后评估工作。后评估的结论作为今后安排乏燃料处理处置项目的重要参考依据。

第七章　财务管理

第三十五条　项目承担单位应严格执行国家有关财经法规、制度，建立健全内部控制制度，严格按照批复内容建账核算。

第三十六条　项目经费必须专项核算，专款专用。

第三十七条　项目承担单位的财务部门要协助监督项目经费的使用，发现问题及时予以纠正，接受单位审计部门和上级部门的监督检查。

第三十八条　国防科工局定期或不定期组织对项目承担单位项目资金资产管理情况进行监督检查。

第八章　奖励与处罚

第三十九条　项目实施成效显著的，国防科工局对有关单位和个人给予表彰。

第四十条　项目实施过程中，发生重大质量和安全事故，违反经费使用、财务和审计制度，发生重大失泄密事件等问题，按国家有关法律法规办理。

第九章　附　则

第四十一条　核电站乏燃料处理处置过程中涉及到的核安全、核应急、核责任险、职业卫生、运输等事项按国家有关规定执行。

第四十二条　本办法由国防科工局负责解释。

第四十三条　本办法自公布之日起施行。

附件 3:《核电厂建设项目经济评价方法》

1　范围

本标准规定了核电厂建设项目经济评价的方法与参数。

标准适用于压水堆核电厂建设项目经济评价，其他核动力建设项目可参照执行。

2　规范性引用文件

下列文件对于本文件的应用是必不可少的。凡是注日期的引用文件，仅所注日期的版本适用于本文件。凡是不注日期的引用文件，其最新版（包括所有的修改单）适用于本文件。

财防〔2007〕181 号《核电厂核事故应急准备专项收入管理规定》

财税〔2008〕38 号《关于核电行业税收政策有关问题的通知》

财综〔2010〕58 号《关于印发“核电站乏燃料处理处置基金征收使用管理暂行办法”的通知》

3　总则

3.1　为规范核电厂建设项目经济评价工作，统一经济评价的内容、深度和要求，提高经济评价的质量和水平，特制定本标准。

3.2　核电厂建设项目经济评价是项目前期研究工作的重要内容，可行性研究阶段应按照本标准的规定，全面、完整地进行经济评价，在此中间评价和后评价可参照使用。

3.3　核电厂建设项目经济评价的合理工期或建设进度计划合理确定；运营期指项目投入生产到项目经济寿命结束所需要的时间。

3.4　财务分析应采用以市场价格体系为基础的预测价格。在建设期内，应既考虑投入的相对价格变动，又考虑价格总水平变动，投资按工程建成价。在运营期内，由于运营期比较长，难以确定投入与产出的价格变动，一般可采用项目运营期初同一不变的价格；若能合理判断未来的市场价格变动趋势，投入与产出可采用相对变动价格；有要求时，也可考虑价格总水平的变动。经济分析应采用以影子价格体系为基础预测价格，不考虑价格总水平变动因素。

3.5　经济评价参数由有关部门适时发布。

4　财务分析方法

4.1　财务效益与费用估算

4.1.1　概述

核电厂建设项目财务效益与费用估算是财务分析的重要基础，是编制财务分析辅助报表，包括流动资金估算表、投资使用计划与资金筹措表、借款还本付息计划表、固定资产折旧、无形资产及其他资产摊销估算表和总成本费用估算表的依据。财务分析辅助报表见附录 A。

4.1.2　项目总投资

项目总投资指核电厂建设项目自前期工作开始至项目全部建成投产运营所需要投入的资金总额，包括工程建成价和生产流动资金。工程建成价分别形成固定资产、无形资产、其他资产。

4.1.3　固定资产原值估算

在项目可行性研究阶段，固定资产原值按简化公式（1）计算：

$$\text{固定资产原值}=\text{工程建成价}\times\text{固定资产形成率} \tag{1}$$

4.1.4　无形资产和其他资产原值估算

在项目可行性研究阶段，固定资产原值按简化公式（2）计算：

$$\text{无形资产和其他资产原值}=\text{工程建成价}\times(1-\text{固定资产形成率}) \tag{2}$$

4.1.5 生产流动资金

4.1.5.1 生产流动资金指核电项目为正常生产运行、维修生产所占用的，用于购买核燃料、材料、备品备件和支付工资等所需要的全部周转资金。生产流动资金在机组投产前安排投入，估算中应将进项税额包括在相应的年费用中。生产流动资金的来源包括自有流动资金和流动资金借款两部分。

流动资金估算方法可采用扩大指标估算法或分项详细估算法。

4.1.5.2 流动资金扩大指标估算计算公式见公式（3）：

$$\text{流动资金}=\text{年燃料费用}\times\text{流动资金扩大估算系数} \tag{3}$$

4.1.5.3 流动资金分项详细估算计算公式见公式（4）和公式（5）：

$$\text{流动资金}=\text{流动资产}-\text{流动负债} \tag{4}$$

$$\text{流动资金本年增加额}=\text{本年流动资金}-\text{上年流动资金} \tag{5}$$

流动资产和流动负债计算公式参见表 A.2。

4.1.6 项目资本金和债务资金

建设项目的资金来源分为项目资本金和债务资金。项目资本金指项目总投资中，由投资者认缴的出资额；债务资金指项目总投资中以负债方式从金融机构等资本市场取得的资金。项目资本金占工程建成价的比例应符合国家法定的资本金制度。项目法人在筹措债务资金时，应明确债务条件，包括利率、宽限期、偿还期、偿还方式及担保方式等。建设项目的资金使用应根据项目的建设工期合理安排，明确项目资本金和债务资金的分年使用额度。

4.1.7 总成本费用

4.1.7.1 总成本费用可分解为固定成本和可变成本。固定成本包括折旧费、摊销费、修理费、工资及福利费、退役基金、保险费、其他费用及财务费用等；可变成本包括核燃料费、乏燃料后处理费、材料费、水费、中低放废物处理处置费、核应急费等。同时要求计算电力的单位生产总成本。

4.1.7.2 核燃料费指电力生产所耗用的核燃料费用，按公式（6）计算：

$$\text{年核燃料费}=\frac{\text{年发电量}\times\text{核燃料电价}}{24\times\text{平均卸料燃耗}\times\text{热效率}}\times1000 \tag{6}$$

式中：

年发电量——单位为万兆瓦时；

核燃料单价——单位为元/千克（铀）；

平均卸料燃耗——单位为兆瓦·日/吨铀。

4.1.7.3　乏燃料后处理费指对使用过的高放射性核燃料进行处理和处置所准备的费用，按公式（7）进行计算。

年乏燃料后处理费=年上网电量×乏燃料后处理费征收标准　（7）

4.1.7.4　材料费指生产运行、维护和事故处理等所耗用的各种原料、材料、备品备件和低值耗品等费用，按公式（8）进行计算。

年材料费=年发电量×单位发电量材料费　（8）

式中：

单位发电量材料费——单位为元/兆瓦时。

4.1.7.5　用水费指电力生产所耗用的购水费用，按消耗水量和购水价格计算，按公式（9）进行计算。

年用水费=年消耗水量×水价　（9）

4.1.7.6 中低放废物处理处置费指对使用过的中、低放射性核燃料、核废物进行处理和处置所发生的费用，按公式（10）计算：

中低放废物处理处置费=年发电量×单位发电量废物处理处置费（10）

式中：

单位发电量废物处理处置费——单位为元/兆瓦·时。

4.1.7.7　核应急费指为加强核电厂核事故应急准备的专项费尽用。

核应急按年度上网销售电量缴纳，按公式（11）进行计算。

核应急费=年发电量×（1–厂用电率）×核应急费率　（11）

4.1.7.8　折旧费指固定资产在使用过程中，对磨损价值的补偿费用，按年限平均法计算，计算公式见公式（12）。

年折旧费=固定资产原值×折旧率　（12）

其中折旧率算法见公式（13）：

折旧率=（1–固定资产残值率）/折旧年限×100%　（13）

投产年度，折旧费按该年投产时间至年底之间的月份数占全年月份数（即 12 个月）的比例进行折减。

4.1.7.9　摊销费指无形资产及其他资产在有效使用期限内的平均摊入成本，按照公式（14）计算。

年摊销费=无形资产及其他资产×摊销年限　（14）

投产年度，摊销费按该年投产时间至年底之间的月份数占全年月份数（即12 个月）的比例进行折减。

4.1.7.10　修理费指为保持固定资产的正常运转和使用，对其进行必要修理所发生的费用，修理费按预提的方法计算。计算公式见公式（15），修理费计算中的固定资产原值应扣除所含的建设期利息。

修理费=固定资产原值（扣除所含的建设期利息）×修理提存率　（15）

4.1.7.11　工资及福利费指电厂生产和管理人员的工资和福利费，包括职工工资、奖金、津贴和补贴、职工福利费以及由职工个人缴纳的医疗保险费、养老保险费、失业保险费、工伤保险费、生育保险费等社会保障费和住房公积金。按全厂定员和全厂人均年工资总额（含福利费）计算。计算公式见公式（16）。

年工资及福利费=全厂定员×人均年工资总额（含福利费）　（16）

4.1.7.12　退役基金指核电站运行寿命结束后，对电站采取拆除或封闭等措施准备的资金。

在国家出台明确的年退役基金标准规范之前，建议年退役基金从投产后第一年开始平均提取，直至计算期末。计算公式见公式（17）。

年退役基金=核电站建设工程固定资产原值×年退役基金提取率　（17）

4.1.7.13　保险费可以按固定资产净值及保险费率计算。

4.1.7.14　其他费用指不属于以上各项而应计入生产力成本的其他成本，主要包括公司经费、工会经费、职工教育经费、劳动保险费、待业保险费、董事会费、咨询费、聘请中介机构费、诉讼费、业务招待费、房产税、车船使用税、土地使用税、印花税、研究与开发费、核安全和实体保护及由企业缴付的医疗保险费、养老保险费、失业保险费等社会保障费和住房公积金等。按全厂定员定额估算。计算公式见公式（18）。

其他费用=全厂定员×其他费用定员定额　（18）

4.1.7.15　财务费用指企业为筹集债务资金而发生的费用，主要包括长期借款利息、流动资金借款利息和短期借款利息等。其处理方式分别如下：

a）长期借款利息，可以按等额还本付息、等额还本利息照付以及约定还款方式计算，处理方法分别为：

1）等额还本付息方式，计算公式见公式（19）：

$$A = I_c \times \frac{i(1+i)^n}{(1+i)^n - 1} = I_c \times (A/P, i, n) \tag{19}$$

式中：

A——每年还本付息额（等额本金）；

I_c——还款起始年年初的借款余额；

i——有效年利率；

n——预定的还款期；

$(A/P,i,n)$——资金回收系数，可以自行计算或查复利系数表。

其中：

每年支付利息=年初借款余额×年利率；

每年偿还本金=A–每年支付利息；

年初借款余额=I_c–本年以前各年偿还的借款累计。

2）等额还本利息照付方式，计算公式见公式（20）：

$$A_t = \frac{I_c}{n} + I_c \times \left(1 - \frac{t-1}{n}\right) \times i \tag{20}$$

式中：

A_t——第 t 年的还本付息额。

其中：每年支付利息=年初借款余额×有效年利率；

即：第 t 年支付息=$I_c \times [1-(t-1)/n] \times i$；

每年偿还本金=I_c/n。

3）约定还款方式指除了上述两种还款方式之外的项目法人与银行签订的还款协议约定的方式。

b）流动资金借款利息按期末偿还、期初再借的方式处理，并按一年期利率计息。计算公式见公式（21）。

年流动资金借款利息=年初流动资金借款余额×流动资金借款年利率（21）

c）短期借款利息的偿还按照随借随还的原则处理，即当年借款尽可能于下年偿还，借款利息的计算同流动资金借款利息。

4.1.8　经营成本

经营成本是项目财务分析中所使用的特定概念，包括核燃料费、乏燃料后处理费、材料费、水费、中低放废物处理处置费、核应急费、修理费、工资及福利费、退役基金、保险费、其他费用。计算公式见公式（22）。

经营成本=总成本费用–折旧费–摊销费–财务费用　　（22）

4.1.9　财务效益

核电厂建设项目的财务效益指销售产品所获得的收入，主要指售电收入，采用不含增值税的价格计算。计算公式见公式（23）和公式（24）。

年售电收入=机组容量×8760 小时负荷因子×（1–厂用电率）×电价（23）

或

年售电收入=机组容量×机组年利用小时×（1–厂用电率）×电价　（24）

4.1.10　销售税金及附加估算

4.1.10.1　销售税金及附加估算包括增值税、城市维护建设税、教育费附加三部分。

4.1.10.2　财务分析应按税法规定计算增值税，计算公式见公式（25）。

增值税=销项税额–进项税额　　（25）

4.1.10.3　城市维护建设税和教育费附加是地方性的附加税和专项费用，计税依据是增值税，计算公式见公式（26）。

城市维护建设税和教育费附加=增值税×税率　　（26）

4.1.11　企业所得税

企业所得税是针对企业应纳所得税额征收的税种，财务分析时应根据税法规定，并注意正确使用有关的优惠政策。

4.2　财务分析

4.2.1　概述

通过编制财务分析基本报表，计算财务指标，分析项目的盈利能力、偿还能力和财务生存能力，判断项目的财务可接受性，明确项目对项目法人及投资方的价值贡献，为项目决策提供依据。

4.2.2　财务分析基本报表

4.2.2.1　财务分析基本报表包括现金流量表、利润与利润分配表、财务计划现金流量表和资产负债表（参见附录 B）。

4.2.2.2　现金流量表是反映项目在建设和运营整个计算期内各年的现金注入和流出，进行资金的时间因素折现计算的报表，包括项目投资源现金流量表、项目资本金现金流量表和投资各方现金流量表。

4.2.2.3　项目投资现金流量表用来进行项目融资前分析，即在不考虑债务筹措的条件下进行盈利能力分析，分别计算所得税前与税后的项目投资财务内部收益率、项目投资财务净现值和项目投资回收期。项目投资现金流量表中的所得税为调整所得税。调整所得税为以息税前利润为基数计算的所得税，区别于“利润与利润分配表”、“项目资本金现金流量表”和“财务计划现金流量表”中的所得税，计算公式见公式（27）。

$$\text{调整所得税}=\text{息税前利润}\times\text{企业所得税率} \tag{27}$$

4.2.2.4　项目资本金现金流量表在拟定的融资方案下，从项目资本金出资者整体的角度，考察项目的盈利能力并计算息税后资本金财务内部收益率。

4.2.2.5　投资各方现金流量表从投资方实际获利和支出的角度，反映投资各方的收益水平，计算息税后投资各方财务内部收益率。

4.2.2.6　利润与利润分配表反映项目运营期内各年销售收入、总成本费用、利润总额等情况，以及所得税后利润的分配，用于计算总投资收益率、项目资本金净利润率等指标。核电项目的利润分为利润总额和净利润。其计算方式如下：

a）利润总额按公式（28）进行计算：

$$\text{利润总额}=\text{销售收入}-\text{总成本费用}-\text{城市维护建设税和教育费附加}+\text{补贴收入} \tag{28}$$

式中：

补贴收入——与收入相关的政府补助以及属于财政扶持而给予的其他形式的补贴等。

依据国家现行规定，年度利润总额实现后的用途依次为：弥补以前年度亏损（自发生亏损的下年开始，可延续五年弥补，第六年仍未补完，需用净利润弥补），交纳所得税（自盈利年起），提取法定盈余公积金和任意盈余公积金，偿还短期借款及长期借款本金，各投资方利润分配。

应纳税所得额和企业所得税按照公式（29）和（30）计算。

$$\text{应纳税所得额}=\text{利润总额}-\text{弥补以前年度亏损额}-\text{补贴收入} \tag{29}$$

$$\text{企业所得税}=\text{应纳税所得额}\times\text{企业所得税率} \tag{30}$$

b）净利润按公式（31）计算：

净利润=利润额–企业所得税　　（31）

内资项目以当年净利润为基数提取法定盈余公积金，计算公式见公式（32）

公积金=净利润×公积金率　　（32）

c）可供分配利润是指当期净利润加上期末分配利润（或减去期初未弥补亏损）。可按公式（33）计算：

可供分配利润=净利润+期初未分配利润　　（33）

或按照公式（34）：

可供分配利润=净利润–弥补以前年度亏损额　　（34）

d）未分配利润是指可供分配利润在做各项分配后的剩余部分。可按公式（35）计算：

未分配利润=可供分配利润–公积金–资本金利润　　（35）

4.2.2.7　财务计划现金流量表反映项目计算期内各年的投资、筹资及经营活动的现金流入和流出，用于计算累计盈余资金，分析项目的财务生存能力。拥有足够的经营净现金流量是财务可持续的基本条件；各年累计盈余资金不出现负值是财务生存的必要条件。

4.2.2.8　资产负债反映项目计算期内各年年末资产、负债及所有者权益的增减变化及对应关系、计算资产负债、流动比率和速动比率。

4.2.3　盈利能力分析

4.2.3.1　概述

盈利能力分析以项目投资财务内部收益率（*FIRR*）、项目资本金财务内部收益率（*FIRR*）和项目投资回收期为主要指标，以项目投资财务净现值（*FNPV*）、总投资收益率（*ROI*）和项目资本金净利润率（*ROE*）为辅助指标。

4.2.3.2　项目投资内部收益率

项目投资内部收益率是指项目在计算期内各年净现金流量现值累计等于零时的折现率。项目投资内部收益率根据公式（36）计算：

$$\sum_{t=1}^{n}(CI_t - CO_t)\times(1+FIRR)^{-t}=0 \qquad (36)$$

式中：

CI_t——第 t 年的现金流入量，单位为万元；

CO_t——第 t 年的现金流出量，单位为万元；

$FIRR$——以百分数表示的项目投资内部收益率；

n——项目计算期限，单位为年。

项目投资内部收益率可通过编制项目投资现金流量表计算，求出的 $FIRR$ 应与基准收益率（i_c）比较。当 $FIRR \geqslant i_c$ 时，应认为该项目在财务上是可行的。

核电行业还可以通过给定财务内部收益率，测算项目的上网电价，与政府主管部门发布的当地标杆上网电价对比，判断项目的财务可行性。一般地，项目投资期、还贷期和还贷后为单一电价，即经营期平均电价。

4.2.3.3　项目资本金内部收益率

项目资本金内部收益率是指在项目计算期内，与项目资本金相关的净现金流量现值累计等于时的折现率。

项目资本金内部收益率按公式（37）计算：

$$\sum_{t=1}^{n}(CI_t - CO_t)\times(1+FIRR)^{-t} = 0 \tag{37}$$

式中：

CI_t——第 t 年与项目资本金有关的现金流入量，单位为万元；

CO_t——第 t 年与项目资本金有关的现金流出量，单位为万元；

$FIRR$——以百分数表示的项目资本金内部收益率。

项目资本金内部收益率可通过编制项目资本现金流量表（参见表 B.2）计算，求出的 $FIRR$ 应与项目资本金期望收益率（i_0）比较，当 $FIRR \geqslant i_0$ 时，应认为该项目是符合投资方利益要求的。核电厂建设项目的项目资本金期望收益率由项目投资方确定。

4.2.3.4　财务净现值

财务净现值（$FNPV$）是指按行业基准收益率（i_c），将项目计算期内各年的净现金流量折现到建设期初的现值之和，是反映项目在计算期内盈利能力的动态评价指标，可按公式（38）计算：

$$FNPV = \sum_{t=1}^{n}(CI - CO)_t(1+i_c)^{-t} \tag{38}$$

财务净现值不小于零的项目是可行的。

4.2.3.5　项目投资回收期

项目投资回收期指以项目的净收益回收项目投资所需要的时间，是考察项目财务上投资回收能力的重要静态评价指标。投资回收期（以年表示）宜从建设期开始算起，可按公式（39）计算：

$$\sum_{t=1}^{P_t}(CI-CO)_t=0 \tag{39}$$

投资回收期可用项目投资现金流量表中累计净现金流量计算求得。可按公式（40）计算：

$$P_t=T-1+\frac{\left|\sum_{t=1}^{T-1}(CI-CO)_t\right|}{(CI-CO)_T} \tag{40}$$

式中：

T——各年累计净现金流量首次为正值或零的年数。

投资回收期短，表明项目投资回收快，抗风险能力强。

4.2.3.6　总投资收益率

总投资收益率（ROI）指项目达到设计能力后正常年份的年息税前利润或运营期内平均息税前利润（$EBIT$）与项目总投资（TI）的比率，表示总投资的盈利水平。可按公式（41）计算；

$$ROI=\frac{EBIT}{TI}\times100\% \tag{41}$$

式中：

$EBIT$——项目正常年份的年息税前利润或运营期内平均息税前利润；

TI——项目总投资。

总投资收益率高于同行业的收益率参考值，表明用总投资收益率表示的盈利能力满足要求。

4.2.3.7　项目资本金净利润率

项目资本金净利润率（ROE）指项目达到设计能力后正常年份净利润或运营期内平均利润（NP）与项目资本金的比率，表示项目资本金的盈利水平。可按公式（42）计算：

$$ROE=\frac{NP}{EC}\times100\% \tag{42}$$

式中：

NP——项目正常年份的年净利润或运营期内年平均净利润；

EC——项目资本金。

项目资本金净利润率高于同行业的净利润率参考值，表明用项目资本金净利润率表示的盈利能力满足要求。

4.2.4　偿债能力分析

4.2.4.1　偿债能力分析的主要指标包括利息备付率（*ICR*）、偿债备付率（*DSCR*）、资产负债率（*LOAR*）、流动比率和速动比率。

4.2.4.2　利息备付率（*ICR*）指在借款偿还期内的息税前利润（*EBIT*）与应付利息（*PI*）的比值，表示利息偿付的保障程度指标，可按公式（43）计算：

$$ICR=\frac{EBIT}{PI} \tag{43}$$

式中：

EBIT——息税前利润；

PI——计入总成本费用的应付利息。

利息备付率应分年计算。利息备付率高，表明利息偿还的保障程度高。

4.2.4.3　偿债备付率（*DSCR*）指在借款偿还期内，用于计算还本付息的资金（*EBITDA–TAX*）与应还本付息金额（*PD*）的比值，表示可用于还本付息的资金偿还借款本息的保障程度指标，可按公式（44）计算：

$$DSCR=\frac{EBITDA-TAX}{PD} \tag{44}$$

式中：

EBITDA——息税前利润加折旧和摊销；

TAX——企业所得税；

PD——应还本付息金额，包括还本金额和计入总成本费用的全部利息。融资租赁费用可视同借款偿还。运营期内的短期借款本息也应纳入计算。

偿债备付率应分年计算。偿债备付率高，表明可用于还本付息的资金保障程度高。

4.2.4.4　资产负债率（*LOAR*）指各期末负债总额（*TL*）与资产总额（*TA*）的比率，是反映项目各年所面临的财务风险程度及综合偿债能力的指标。可按公式（45）计算：

$$LOAR=\frac{TL}{TA}\times 100\% \tag{45}$$

式中：

TL——期末负债总额；

TA——期末资产总额。

项目财务分析中，在长期债务还清后，可不再计算资产负债率。

4.2.4.5 流动比率是流动资产与流动负债之比，反映项目法人偿还流动负债的能力，可按公式（46）计算：

$$流动比率=\frac{流动资产价}{流动负债}\times 100\% \tag{46}$$

4.2.4.6 速动比率是速动资产与流动负债之比，反映项目法人在短时间内偿还流动负债的能力，可按公式（47）计算：

$$速动比率=\frac{速动资产价}{流动负债}\times 100\% \tag{47}$$

4.2.5 财务生存能力分析

财务生存能力分析是通过编制财务计划现金流量表，考察项目计算期内的投资、筹资和经营活动所产生的各项现金注入和流出，计算净现金流量和累计盈余资金，分析项目是否有足够的净现金流量维持正常运营，以实现财务可持续性。

财务可持续性首先体现在有足够大的经营活动净现金流量，其次各年累计盈余资金不应出现负值。若出现负值，应进行短期借款，同时分析该短期借款的年份长短和数额大小，进一步判断项目的财务生存能力。

5 不确定性分析与风险分析方法

5.1 不确定性分析

5.1.1 概述

不确定性分析指分析不确定性因素变化对财务指标的影响，主要包括盈亏平衡分析和敏感性分析。

5.1.2　盈亏平衡分析

盈亏平衡分析根据项目正常生产年份的产量、固定成本、可变成本、税金等，计算盈亏平衡点，分析研究项目成本与收入的平衡关系。当项目收入等于总成本费用时，正好盈亏平衡。盈亏平衡点越低，表示项目适应产品变化的能力越大，抗风险能力越强。盈亏平衡点通常用生产能力利用率或者产量表示，计算公式见公式（48）、（49）、（50）：

$$BEP_{负荷因子}=\frac{年固定成本}{年销售收入-年可变成本-年税金及附加}\times 100\% \tag{48}$$

$$BEP_{上网电量}=\frac{年固定成本}{单位产品销售价格-单位产品可变成本-单位产品税金及附加}\times 100\% \tag{49}$$

两者之间的换算关系为：

$$BEP_{上网电量}=BEP_{负荷因子}\times 设计生产能力 \tag{50}$$

对于盈亏平衡分析的计算结果应通过盈亏平衡分析图表示，见图 1。

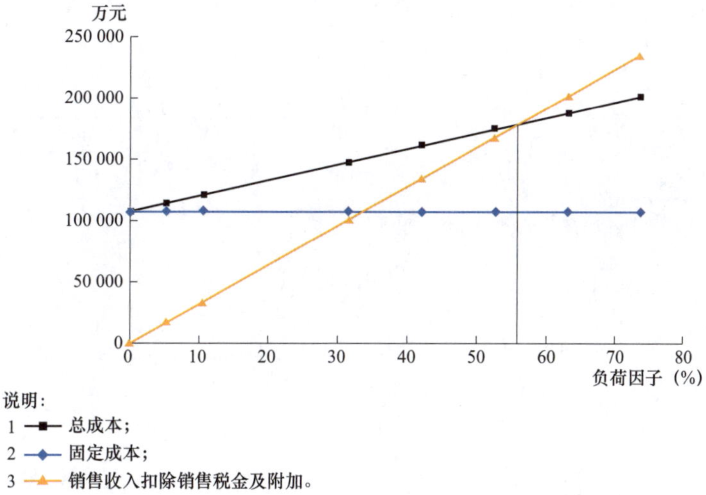

图 1　盈亏平衡分析图

5.1.3　敏感性分析

5.1.3.1　敏感性分析指分析不确定性因素变化对财务指标的影响，找出敏感因素。应进行单因素和多因素变化对财务指标的影响分析，主要分析对内部收益率的影响，并计算敏感度系数和临界点。结论应列表表示，并绘制敏感性分析图。根据核电工程项目特点，不确定性因素主要包括建成投资、负荷因子、售电价格、核燃料价格等。

5.1.3.2 绘制敏感性分析图（见图 2）时，以财务内部收益率为纵坐标，以几种不确定因素的变化率（百分数）为横坐标，按敏感性分析计算出的数据绘制出图形，并在图中标出财务基准收益率线。图中某因素变化对财务基准内部收益率的影响曲线与财务基准收益率的交点（即临界点）处则为允许的该种因素变化的最大幅度（即变化极限）。变化幅度如超过此限时，项目不可行。

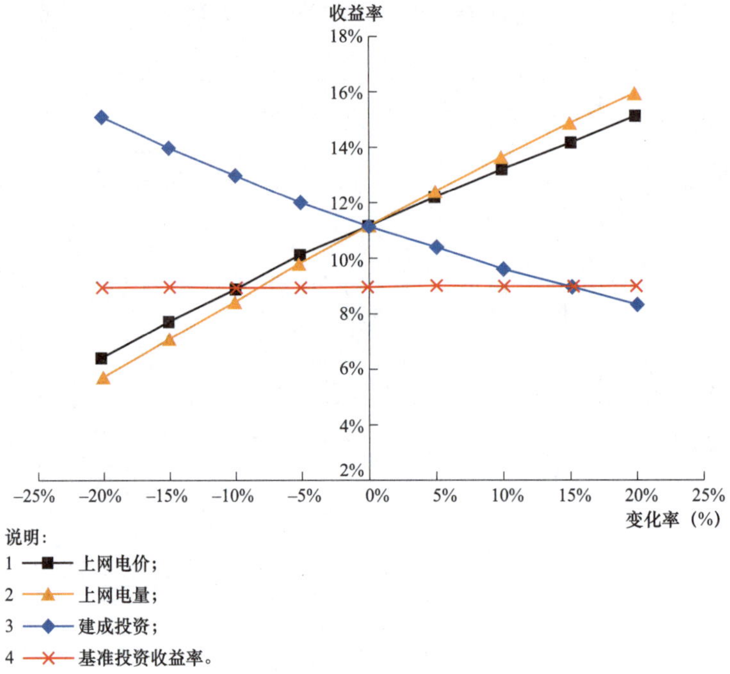

图 2 敏感性分析图

5.1.3.3 当给定内部收益率测算电价时，敏感性分析主要是指建成投资、负荷因子、核燃料价格等不确定因素变化时，对售电价格的影响，找出敏感因素，并绘制敏感性分析图。

5.1.3.4 敏感度系数（S_{AF}）指项目评价指标变化率与不确定性因素变化率之比，可按公式（51）计算：

$$S_{AF}=\frac{\Delta A/A}{\Delta F/F} \tag{51}$$

式中：

$\Delta F/F$——不确定性因素 F 的变化率；

$\Delta A/A$——不确定性因素 F 发生 ΔF 变化时，评价指标 A 的相应的变化率。

敏感性分析表参见附录 C。

5.1.3.5　临界点指单一的不确定因素的变化使项目由可行变为不可行的临界数值，可采用不确定因素对基本方案的变化率或其对应的具体数值表示。

5.1.4　“上网电价 – 项目资本金收益率”曲线

“上网电价 – 项目资本金收益率”曲线是以“项目资本金收益率”为横轴、以“上网电价”为纵轴的二维坐标系中据上述散点拟合而成的一条曲线。该曲线可以描述上网电价随项目资本金收益率的变动趋势，可以指导项目投资方调整其项目资本金期望收益率水平。

上网电价随项目资本金收益率的变化趋势用“上网电价 – 项目资本金收益率”曲线（图 3）表示。

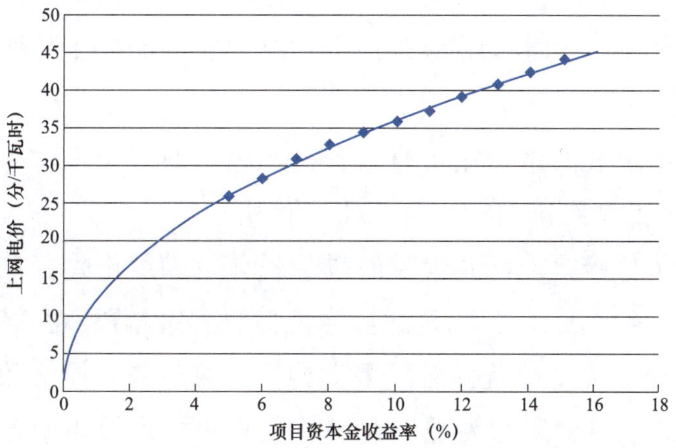

图 3　上网电价 – 项目资本金收效益率曲线

5.2　风险分析

风险分析通过识别风险因素，估计各风险因素发生变化的可能性，通过这些变化对项目的影响程度，揭示影响项目的关键风险因素，提出项目风险的预警、预报和相应的对策。通过风险分析的信息反馈，改进或优化设计方案，降低项目风险。

从上网电量方面进行项目收益风险分析，从设备材料供应、物价水平等方面进行工程建设风险分析，从工期延长等方面进行工期风险分析，从资金来源、供应量、供应时间等方面进行融资风险分析，从燃料价格方面进行运营成本风险分析，从税率、利率、汇率及通货膨胀率等方面进行政策风险分析。

风险分析方法可采用专家调查法、层次分析法等。

6 经济费用效益分析方法

6.1 应从资源合理配置的角度分析项目投资的经济效率和对社会福利所做出的贡献，并评价项目的经济合理性。

6.2 项目经济效益和费用的识别应符合下列要求：遵循有无对比的原则；对项目所涉及的所有成员及群体的费用和效益做全面的分析；正确识别正面和负面的外部效果；合理确定效益和费用的空间范围和时间跨度；正确识别和调整转移支付。

6.3 项目经济效益的计算应遵循支付意愿原则和接受补偿意愿原则；经济费用的计算应遵循机会成本原则。

6.4 经济效益和经济费用可直接识别，也可通过调整财务效益和财务费用得到。经济效益和经济费用应采用影子价格计算。

6.5 影子价格应是能够真实反映项目投入物和产出物真实经济价值的计算价格。影子价格的测算在建设项目的经济费用效益分析中占有重要地位。

6.6 项目经济费用效益分析采用社会折现率对未来经济效益和经济费用流量进行折现。项目的所有效益和费用（包括不能货币化的效果）一般均应在共同的时点上予以折现。

6.7 经济费用效益分析可在直接识别估算经济费用和经济效益的基础上计算相关指标，也可在财务分析的基础上将财务现金流量转换为经济效益与费用流量计算相关指标。

6.8 如果项目的经济费用和效益能够进行货币化，应在费用效益识别和计算的基础上，编制经济费用效益流量表，计算经济费用效益分析指标，分析项目投资的经济效率。

6.9 经济净现值（*ENPV*）是指按社会折现率将项目计算期内各年的经济净现金流量折现到建设期初的现值之和。可按公式（52）计算：

$$ENPV=\sum_{t=1}^{n}(B-C)_t(1+i_s)^{-t} \tag{52}$$

式中：

B——经济效益流量；

C——经济费用流量；

$(B-C)_t$——第 t 期的经济净效益流量；

i_s——社会折现率；

n——项目计算期。

在经济费用效益分析中，如果经济净现值不小于零，表明项目可以达到符合社会折现率的效率水平，认为该项目从经济资源配置的角度可以被接受。

6.10　经济内部收益率（$EIRR$）指项目在计算期内经济净效益流量的现值累计等于零时的折现率，可按公式（53）计算：

$$\sum_{t=1}^{n}(B-C)_t(1+EIRR)^{-t}=0 \tag{53}$$

如果经济内部收益率不小于社会折现率，表明项目经济资源配置的经济效率达到了可以被接受的水平。

6.11　经济效益费用比（R_{BC}）指项目在计算期内效益流量的现值与费用流量的现值之比。可按公式（54）计算：

$$R_{BC}=\frac{\sum_{t=1}^{n}B_t(1+i_s)^{-t}}{\sum_{t=1}^{n}C_t(1+i_s)^{-t}} \tag{54}$$

式中：

B_t——第 t 期的经济效益；

C_t——第 t 期的经济费用。

如果经济效益费用比大于 1，表明项目经济资源配置的经济效率达到了可以被接受的水平。

6.12　在完成经济费用效益分析之后，应进一步分析对比经济费用效益与财务现金流量之间的差异，并根据需要对财务分析与经济费用效益分析结论之间的差异进行分析，找出受益或受损群体，分析项目对不同利益相关者在经济上的影响程度，并提出改进资源配置效率及财务生存能力的建议。

7 财务分析参数

7.1 参数的测定和选用应坚持谨慎性和准确性原则。财务分析工作需要在大量预测的基础上进行，对参数不能简单套用，而是要在充分分析论证的基础上，根据项目的具体情况合理选定相应参数。每个参数均有其自身的有效期，都需要适时进行调整。

7.2 财务分析参数包括计算、衡量项目效益与费用的计算参数和判定项目合理的判据参数。

7.3 计算参数包括项目运营期、资本金、流动资金估算的有关参数、资产折旧及摊销的有关参数、总成本费用估算的有关参数、税率和利率等（参见附录 D）。

7.4 判据参数包括财务基准收益率、利息备付率、偿债备付率、资产负债率、流动比率和速动比率（参见附录 D）。

8 项目经济性评价结论

对核电厂建设项目实施经济评价，就是要根据以上各个步骤，对财务分析的结果进行汇总（参见附录 E），并综合不确定性分析和风险分析的结果，从经济角度看项目是否可行、是否具有市场竞争能力，并指出该项目最关键的若干敏感性因素，如有改进也应明确提出。

附录 A
（资料性附录）
财务分析辅助报表

表 A.1 经济性评价主要表参数一览表

序号	项目	单位	数量	备注
1	机组数	台		
2	总装机容量	千瓦		

续表

序号	项目	单位	数量	备注
3	电站热效率	%		
4	燃耗深度	兆瓦日/吨铀		
5	负荷因子/机组年利用小时	%/小时		
6	投产第一年负荷因子/投产第一年机组年利用小时	%/小时		
7	投产第一年负荷因子/投产第一年机组年利用小时	%/小时		
8	厂用电率	%		
9	核电厂所在省份（地区）燃煤电站标杆电价	元/千瓦		
10	建设起始年（第一罐混凝土浇注时间）	×年×月		
11	建设期	月		
12	项目经济评价运营期	年		
13	商运起始年	×年×月		
14	货币基础日期	—		
15	固定资产形成率	%		
16	项目资本金建成价的比例	%		
17	项目资本金数量	万元		
18	生产流动资金数额	万元		
19	生产流动资金贷款比例	%		
20	基础价单位投资	元/千瓦		
21	折旧期	年		
22	摊销期	年		
23	核燃料单价	元/千克铀		
24	乏燃料后处理费计提取标准	元/千瓦时		
25	修理费率	%		
26	单位发电量材料费测算值	元/兆瓦时		
27	水价	元/吨		
28	定员人数	人		
29	人均年工资总额	万元/人年		
30	中低放废物处理处置费	元/兆瓦时		

续表

序号	项目	单位	数量	备注
31	退役基金提取率	%		以固定资产原值为基数
32	保险费提取标准	%		以当年固定资产净值为基数
33	核应急费提取标准	元/兆瓦时		
34	其他费定员定额	万元/人		
35	增值税率	%		
36	城市维护建设税率	%		
37	教育费附加率	%		
38	所得税	%		
39	公积金提取比例	%		
40	不含税上网电价	元/兆瓦时		
41	人民币浮动	%		
42	国内贷款有效年利率	%		
43	国内贷款还款年限	年		
44	生产流动资金贷款利率	%		
45	生产流动资金贷款还款年限	年		
46	外币贷款利率	%		
47	外币贷款还款年限	年		

注：根据项目具体情况增减表中有关项目。

表 A.2　流动资金估算表（分项详细估算法）

人民币单位：万元

序号	项目	合计	计算期					
			1	2	3	4	……	*n*
1	流动资产							
1.1	应收账款							
1.2	存货							
1.2.1	原材料							

续表

序号	项目	合计	计算期					
			1	2	3	4	……	*n*
1.2.2	燃料							
1.2.3	其他							
1.3	现金							
2	流动负债							
2.1	应付账款							
3	流动资金							
4	流动资金本年增加额							

注 1：流动资产应收账款+存货+现金。

注 2：应收账款=（年经营成本–年退役基金–核燃料后处理费）/周转次数。

注 3：存货=年核燃料费/周转次数+年其他材料费/周转次数。

注 4：现金=（年工资及福利费+年其他费用+年保险费）/周转次数。

注 5：流动负债=应付账款。

注 6：应付账款=年核燃料费/周转次数+（年其他材料费+年水费）/周转次数。

注 7：周转次数=360 天/最低周转天数。

注 8：最低周转天数按实际情况并考虑保险系数分项确定。其他材料费指生产运行、维护修理和事故处理等所耗用的各种原料、材料、备品备件和低值易耗品等费用。

表 A.3　投资使用计划与资金筹措总表

人民币单位：万元

序号	项目	合计	计算期					
			1	2	3	4	……	*n*
1	项目总投资							
1.1	固定投资（基础投资+价差预备费）							
1.2	建设期利息							
1.3	流动资金							
2	资金筹措							
2.1	项目资本金							
2.1.1	用于建设投资							
2.1.2	用于流动资金							
2.2	债务资金							

续表

序号	项目	合计	计算期					
			1	2	3	4	……	*n*
2.2.1	长期借款							
2.2.2	流动资金借款							
2.2.3	其他短期借款							
2.3	其他							

表 A.4　投资使用计划与资金筹措明细表

人民币单位：万元

序号	项目	合计	计算期					
			1	2	3	4	……	*n*
1	建设投资使用计划							
1.1	逐年建设投资使用比例（%）							
1.2	逐年建设投资使用额度							
2	建设投资资金筹措							
2.1	［资本金］%							
2.2	［债务资金］%							
2.2.1	借款 1							
	建设期借款利息							
3	建设期利息合计							
4	流动资金							
4.1	自有流动资金							
4.2	流动资金借款							
5	工程动态总投资							
5.1	其中：固定资金投资							
5.2	无形资产投资							
5.3	其他资产投资							

表 A.5　借款还本付息计划表

人民币单位：万元

序号	项目	合计	计算期					
			1	2	3	4	……	n
1	借款 1							
1.1	期初借款余额							
1.2	当期还本付息							
	其中：还本							
	付息							
2	借款 2							
2.1	期初借款余额							
2.2	当期还本付息							
	其中：还本							
	付息							
3	流动资金借款							
3.1	期初借款余额							
3.2	当期还本付息							
	其中：还本							
	付息							
4	短期借款							
4.1	期初借款余额							
4.2	当期还本付息							
	其中：还本							
	付息							
5	借款合计							
5.1	期初借款余额							
5.2	当期还本付息							
	其中：还本							
	付息							
计算指标	利息备付率							
	偿债备付率							

表 A.6　固定资产折旧、无形资产及其他资产摊销估算表

人民币单位：万元

序号	项目	合计	计算期					
			1	2	3	4	……	*n*
1	固定资产合计							
1.1	原值							
1.2	折旧费							
1.3	净值							
2	无形资产合计							
2.1	原值							
2.2	摊销费							
2.3	净值							
3	其他资产合计							
3.1	原值							
3.2	摊销费							
3.3	净值							

表 A.7　总成本费用估算表

人民币单位：万元

序号	项目	合计	计算期					
			1	2	3	4	……	*n*
1	发电部分							
1.1	年发电量/GWh							
1.2	厂用电量/GW·h							
1.3	上网电量/GW·h							
2	生产总成本							
2.1	核燃料费							
2.2	乏燃料后处理费							

续表

序号	项目	合计	计算期					
			1	2	3	4	……	*n*
2.3	材料费							
2.4	用水费							
2.5	中低放废物处理处置费							
2.6	核应急费							
2.7	折旧费							
2.8	摊销费							
2.9	大修理费							
2.10	工资及福利费							
2.11	退役基金							
2.12	保险费							
2.13	其他费用							
2.14	财务费用							
2.14.1	长期贷款利息							
2.14.2	流动资金利息							
2.14.3	短期借款利息							
2.14.4	其他							
3	年发电单位成本/（元/MWh）							
4	固定成本							
5	可变成本							
6	经营成本							

注：本表成本均为不含税成本

附录 B
（资料性附录）
财务分析基本报表

表 B.1　项目投资现金流量表

人民币单位：万元

序号	项目	合计	计算期					
			1	2	3	4	……	n
1	现金流入							
1.1	产品销售（营业）收入							
1.2	补贴收入							
1.3	回收固定资产余值							
1.4	回收流动资金							
2	现金流出							
2.1	建设投资							
2.2	流动资金							
2.3	经营成本							
2.4	城建税及教育附加							
3	所得税前净现金流量（1－2）							
4	所得税前累计净现金流量							
5	调整所得税							
6	所得税后净现金流量（3－5）							
7	所得税后累计净现金流量							
计算指标	项目投资财务内部收益率（%）（所得税前）							
	项目投资财务内部收益率（%）（所得税后）							
	项目投资财务净现值（所得税前）（i_c=%）							
	项目投资财务净现值（所得税后）（i_c=%）							
	项目投资回收期（年）（所得税前）							
	项目投资回收期（年）（所得税后）							

注 1：调整所得税为以息税前利润为基数计算的所得税，区别于“利润与利润分配表”“项目资本金现金流量表”和“财务计划现金流量表”中所得税。

注 2：对外商投资项目，现金流出中应增加职工奖励及福利基金科目。

表 B.2　项目资本金现金流量表

人民币单位：万元

序号	项目	合计	计算期					
			1	2	3	4	……	*n*
1	现金流入							
1.1	产品销售（营业）收入							
1.2	补贴收入							
1.3	回收固定资产余值							
1.4	回收流动资金							
2	现金流出							
2.1	建设投资资本金							
2.2	自有流动资金							
2.3	经营成本							
2.4	长期借款本金偿还							
2.5	流动资金借款本金偿还							
2.6	长期贷款利息支付							
2.7	流动资金借款利息支付							
2.8	短期贷款利息支付							
2.9	城建税及教育附加							
2.10	所得税							
3	净现金流量（1－2）							
计算指标	资本金财务内部收益率/%							

注：对外商投资项目，现金流出中应增加职工奖励及福利基金科目。

表 B.3　投资各方现金流量表

人民币单位：万元

序号	项目	合计	计算期					
			1	2	3	4	……	*n*
1	现金流入							
1.1	各投资方利润分配							
1.2	资产处置收益分配							
1.2.1	回收固定资产和无形资产余值							
1.2.2	回收还借款后余留折旧和摊销							

续表

序号	项目	合计	计算期					
			1	2	3	4	……	*n*
1.2.3	回收自有流动资金							
1.2.4	回收法定盈余公积金和任意盈余公积金							
2	现金流出							
2.1	建设投资资本金							
2.2	自有流动资金							
3	净现金流量							
计算指标	投资各方财务内部收益率/%							

表 B.4　利润与利润分配表

人民币单位：万元

序号	项目	合计	计算期					
			1	2	3	4	……	*n*
1	产品销售收入							
1.1	售电收入							
1.1.1	上网电量							
1.1.2	售电价格（不含税）							
1.1.3	售电价格（含税）							
2	销售税金及附加							
2.1	增值税							
2.2	城建税及教育附加							
3	总成本费用							
4	补贴收入							
5	利润总额（1－2.2－3+4）							
6	弥补以前年度亏损							
7	应纳税所得额（5－6－4）							
8	所得税							
9	净利润（5－8）							
9.1	法定盈余公积金							
9.2	任意盈余公积金							

续表

序号	项目	合计	计算期					
			1	2	3	4	……	*n*
9.3	各投资方利润分配							
	其中：投资方 1							
	投资方 2							
9.4	未分配利润							
10	息税前利润（利润总额+财务费用）							
11	息税折旧摊销前利润（利润总额+财务费用+折旧+摊销）							

注 1：对于外商投资项目应由第 9 项减去储备基金、职工奖励与福利基金和企业发展基金后，得出各投资方利润分配。

注 2：本表的售电收入为不含增值税收入。

表 B.5　财务计划现金流量表

人民币单位：万元

序号	项目	合计	计算期					
			1	2	3	4	……	*n*
1	经营活动净现金流量（1.1－1.2）							
1.1	现金流入							
1.1.1	销售收入							
1.1.2	补贴收入							
1.1.3	回收流动资金							
1.2	现金流出							
1.2.1	经营成本							
1.2.2	城建税及教育附加							
1.2.3	所得税							
1.2.4	其他流出							
2	投资、筹资活动净现金流量（2.1－2.2）							
2.1	现金流入							
2.1.1	项目资本金投入							
2.1.2	建设投资借款							
2.1.3	流动资金借款							

续表

序号	项目	合计	计算期					
			1	2	3	4	……	n
2.1.4	短期借款							
2.1.5	回收固定资产余值							
2.2	现金流出							
2.2.1	建设投资							
2.2.2	流动资金							
2.2.3	借款本金偿还							
2.2.4	各种利息支出							
2.2.5	各投资方利润分配							
2.2.6	其他流出							
3	净现金流量（1+2）							
4	累计盈余资金							

注：对外商投资项目，经营活动现金流出中应增加职工奖励及福利基金科目。

表 B.6 资产负债表

人民币单位：万元

序号	项目	合计	计算期					
			1	2	3	4	……	n
1	资产							
1.1	流动资产总额							
1.1.1	应收账款							
1.1.2	存货							
1.1.3	现金							
1.1.4	累计盈余资金							
1.2	在建工程							
1.3	固定资产净值							
1.4	无形资产及其他资产净值							
2	负债及所有者权益							
2.1	流动负债总额							
2.1.1	应付账款							
2.1.2	流动资金借款							

续表

序号	项目	合计	计算期					
			1	2	3	4	……	*n*
2.1.3	其他短期借款							
2.2	建设投资借款							
	负债合计							
2.3	所有者权益							
2.3.1	资本金							
2.3.2	资本金公积金							
2.3.3	累计盈余公积金							
2.3.4	累计未分配利润							
计算指标	资产负债率/%							
	流动比率							
	速动比率							

表 B.7　资产负债表

人民币单位：万元

序号	项目	合计	计算期					
			1	2	3	4	……	*n*
1	资产							
1.1	流动资产总额							
1.1.1	流动资金							
1.1.2	累计盈余资金							
1.2	在建工程							
1.3	固定资产净值							
1.4	无形资产及其他资产净值							
2	负债及所有者权益							
2.1	流动负债总额							
2.1.1	流动资金借款							
2.1.2	其他短期借款							
2.2	建设投资借款							
	负债合计							
2.3	所有者权益							

续表

序号	项目	合计	计算期					
			1	2	3	4	……	*n*
2.3.1	资本金							
2.3.2	资本公积金							
2.3.3	累计盈余公积金							
2.3.4	累计未分配利润							

注：当流动资金采用扩大指标估算法计算时，资产负债表为此表格式。

附录 C
（资料性附录）
敏感性分析表

表 C.1　敏感性分析表（测算内部收益率）

序号	不确定因素	变化率	内部收益率	内部收益率变化率	敏感度系数
		1	2	4	4=3/1
1	基本方案				
2	建成投资/%				
3	负荷因子/%				
4	售电价格/%				
5	核燃料价格/%				

表 C.2　敏感性分析表（测定电价）

序号	不确定因素	变化率	电价	电价变化率	敏感度系数
		1	2	4	4=3/1
1	基本方案				
2	建成投资/%				
3	负荷因子/%				
4	核燃料价格/%				

附录 D
（资料性附录）
财务分析参数

D.1　计算参数

D.1.1　项目经济运营期一般按 30 年考虑。

D.1.2　资本金根据国家法定的资本金制定计列，核电项目不得低于工程建成投资的 20%计列，一般资本金与债务资金同比例投入。

D.1.3　流动资金估算的有关参数；应收账款年周转 12 次；核燃料为 18 个月换料时，年周转 2/3 次。核燃料为 12 个月换料时，年周转为 1 次；原材料年周转 12 次；现金年周转 12 次；应付账款年周转 12 次；流动资金扩大估算系数一般取 1.05；自有流动资金占生产流动资金的 30%。在实际执行时，可根据核燃料采购实际预付周期长的特点对上述分项估算参数适当调整；如在采用扩大估算系数时，另外计算因核燃料提前预付而形成的资金占用水平，通过长期待摊费用反映。

D.1.4　资产折旧及摊销的有关参数：固定资产折旧年限 20～25 年，一般取 25 年，残值率 0%；无形资产摊销年限 5 年；其他资产摊销年限 5 年。

D.1.5　根据《关于印发“核电站乏燃料处理处置基金征收使用管理暂行办法”的通知》（财综〔2010〕58 号），乏燃料处理处置基金按照核电厂已投入商业运行 5 年以上压水堆核电机组的实际上网销售电量征收，征收标准为 0.026 元/千瓦时。

D.1.6　单位发电量材料费：为 5 元/兆瓦时

D.1.7　单位发电量核废物处理处置费：为 0.5 元/兆瓦时。

D.1.8　修理提存率国产设备 1.5%，成套进口设备 1%。

D.1.9　退役基金运营期内累计提取率为 10%。

D.1.10　根据《核电厂核事故应急准备专项收入管理规定》（财防〔2007〕181 号），核应急费率为 0.2 元/兆瓦时。

D.1.11　其他费用：13 万元/人。

D.1.12　税率：电力产品增值税率 17%；核燃料在加工成核燃料组件前一般不含增值税；水费增值税率 13%；材料增值税率 17%；城市维护建设税市区 7%、县镇 5%、其他地区 1%；教育费附加按地方规定；所得税率 25%。

D.1.13　利率：按项目法人与银行签订的还款协议中约定的利率，没有签订协议之前，按中国人民银行发布的贷款利率。

D.1.14　法定盈余公积金：按国家的公积金制度取 10%。

D.1.15　根据《关于核电行业税收政策有关问题的通知》（财税〔2008〕38 号），先征后返增值税不作为补贴收入计入利润总额。

D.1.16　测算上网电价时，资本金内部收益率取 9%。

D.2　判据参数

D.2.1　财务基准收益率：7.0%。

D.2.2　利息备付率：一般为 1.5～2，并结合债权人的要求确定。

D.2.3　偿债备付率：一般应大于 1.3，并结合债权人的要求确定。

D.2.4　资产负债率：一般为 40%～80%。

D.2.5　流动比率：一般为 1.0～2.0。

D.2.6　速动比率：一般为 0.6～1.2。

D.2.7　标杆上网电价：查阅政府主管部门发布的当地标杆电价。

参考文献

［1］刘建琴，安鸿翔，董毅漫，等. 中国民用核设施退役基金研究［J］. 环境科学与管理，2017，42（3）：20-25.

［2］中国民主促进会中央委员会. 关于尽早完善核电站退役制度的提案.（2017-02-27）［2019-03-15］. https：//www.mj.org.cn/mjzt/content/2017-02/28/content_249934. html.

［3］张雪，张锐平，信萍萍，等. 核设施退役费用估算研究综述［M］//中国核科学技术进展报告（第四卷）：核情报分卷. 北京：中国原子能出版社，

2015.
［4］尚鑫，于洋．核设施退役费用体系建设探索［J］．产业与科技论坛，2018，17（7）：212-213.
［5］张明，田然，于洋，等．国外核设施退役费用估算对我国的启示［J］．产业与科技论坛，2020，19（10）：236-237.
［6］International Atomic Energy Agency. Financial Aspects of Decommissioning, Report by an expert group:IAEA-TECDOC-1476[R]. Vienna: IAEA, 2005.
［7］王海良．核电厂退役资金管理［J］．中国核电，2013，6（2）：168-172.

第3章 退役经费估算

3.1 概要

1999 年，经合组织/核能署（OECD/NEA）、欧洲委员会（EC）和国际原子能机构（IAEA）联合出版了《核设施退役费用计算标准化清单》（“黄皮书”），统一了退役费用要素。2012 年，在“黄皮书”的基础上，三家组织又联合开发了退役经费估算国际化结构（ISDC）。本章主要针对 ISDC 中的估算要素与方法、数据评估、信息调查及经费估算的不确定性等多个方面给予简要介绍。

3.2 估算要求与方法

一般由业主/许可证持有者负责退役费用的估算。对退役费用的各个方面有深入的了解，是根据实际退役计划进行费用估算的基础。清晰的费用估算也为储备必要的退役资金并进一步评估退役过程提供了基础支持，确保在需要时提供必要的资金以支付退役活动的实际费用（NEA，2012）。

费用估算方法应与预期目的匹配。退役经费估算的目的在于：

（1）为处于运行期的核电厂准备退役资金；

（2）将通过不同决策过程估算的退役费用进行比较；

（3）为长期预算和现金流做准备；

（4）提供用于项目控制的工具。

依据具体目标和项目进展情况，可能需要使用不同的费用估算方法，包括数量级估算、概算和最终估算（IAEA，2005）。不同的费用估算方法对数据有不同的要求，因此其准确性取决于数据可靠性、可用性、普适性以及精准度。无论采用何种估算方法，费用估算均会受到不确定性因素的影响。一般采用的费用估算方法（详见 IAEA，2013；NEA，2015）包括：

（1）参数法：使用已知费用的项目作为参数进行估算。

（2）成本审查和更新法：参考类似系统或子系统历史数据库，开展统计分析以建立与特定参数的相关性；

（3）类比法：将以前的估算与新估算进行类比。

（4）专家意见法：该方法在其他技术或数据不可用时使用。

退役经费估算基本上取决于所采用的退役计划、假定的最终状态、基本假设的差异以及编制估算的背景和目的。但目前国际上还未制定退役经费估算的通用标准，不同的标准在格式、内容和实践方面具有较大的差异（见 IAEA，2013；NEA，2010a&2010b）。这些差异会增加退役经费估算的难度，影响透明度，并可能影响到利益相关方。近年来，国际上不断提倡采用统一的方法和工具。例如，NEA（2010）指出，至少应该建立一个标准的报告模板，成员国采用该模板开展费用估算，以便开展国内和国际的费用估算比较。费用名目的标准化清单将有助于在不同的退役经费估算之间进行比较（IAEA，2013；NEA，2012b）。特别值得注意的是，由 NEA、IAEA 和欧洲委员会（EC）共同开发建立的新 ISDC 结构，促进了各国费用估算的统一，提高了可比性。

ISDC（NEA，2012b）在报告中提供了标准的退役费用明细表，以进行比较。ISDC 中包含了广泛的费用类别，如退役前准备、安全关闭活动、控制区内的拆除活动、废物处理、贮存和处置、项目管理、工程和相关支持等。ISDC 最高级别的费用类别汇总（1 级）见表 3.2。

虽然 ISDC 是估算退役费用的首选国际方法，但还有退役费用分类的其他案例（NEA，2010b）。IAEA（2005&2013）也对退役费用类别和要素进行了说明。

另外一种广泛使用的方法是，基于自下而上法的工作分解结构（WBS）。该方法对退役项目进行充分的细分，划分为分散且可估量的活动项。

在大多数国家/地区的法规框架规定范围内，会定义退役估算构成、组织和范围。在某些国家，会对营运单位的预期估算种类（如大致的费用结构和边界条件）以及费用估算的详细程度开展进一步的限制和规定。但是，大多数国家/地区允许营运单位在选择费用估算方法方面有一定程度的自由裁量权。在大多数情况下，会建议（但不强制）营运单位采用特定的估算方法；或者，当规定估算方法时，会允许特定的例外和调整（NEA，2012a）。一些法律或法规还包括针对质量控制的额外规定。在某些国家中，广泛使用全生命周期规划模型，以控制成本。

几乎所有的国家法规均要求运营商提供退役相关假设和条件的解释和理由，如估算年限、厂址解控标准、过渡期活动、特征调查、远距离处理技术、乏燃料（SNF）和废物管理等。

任何费用估算方法均存在一些关键通用属性（NEA，2015）。包括：方法的一致性和准确性；项目范围的变化（例如退役计划和终态）；良好的特征调查（包括详细的源项）；监管要求的一致性；电厂运营商的参与度；呈现不确定性的方法；以及关键的风险分析。目前的良好实践还包括使用标准化的退役活动项清单、健全的质量保证计划、基于特定厂址的退役计划，并让利益相关方参与退役计划的制订（NEA，2010a&2015）。正如奥科研究所（Öko-Institut，2013）着重强调的，通过常用的基础数据进行的费用估算可形成原始数据，在应用到详细的退役计划和数据后，原始数据可能会变得不准确。从小型堆、不同类型的反应堆或不同运行史的反应堆推断出的费用，几乎不可能作为另一个反应堆或设施的可靠数据来源。同样，若以建造费用的一定比例作为退役费用，并不可作为退役费用的准确估算。

对于新建核设施，退役计划应在设计阶段的早期开始编制，并应一直持续更新直到退役授权终止；对于未编制退役计划的现有核设施，许可证持有者应尽快制订切合实际的退役计划（IAEA，2014）。无论哪种情况，许可证持有者均应定期审查和更新退役计划。初步退役计划应确定退役方案，证明退役的可行性，确保有足够的资金进行退役，并确定退役期间将产生的废物的种类和数量。许可证持有者应更新退役计划，监管机构应在设施的整个寿命期内定期审查退役计划，直至退役完成。因退役计划在退役工作开始前几十年已开始编制，因此费用估算名目将受到所有输入数据不确定性的影响，例如物理参数、放射性参数、退役过程和经济参数（NEA，2012a&2015）。

风险分析是潜在影响退役工作计划和费用估算的主要因素。无论如何，应使用实际退役项目的经费数据不断更新估算值，从而更好地控制不确定性，优化经费评估，更好地编制每个设施的年度支出计划（NEA，2010）。实际退役项目经费数据的不足，是退役经费估算实施基准测试和验证的主要障碍。

3.3　估算数据分析

为了收集各国有关退役经费估算的最新信息及其相关解释，在本研究框架内启动了一项问卷调查。通过各个国家的反馈，以 ISDC 格式为基础，获得了几套估算值，其中包括 4 台压水堆的估算费用（来自法国、西班牙、瑞士，其中 3 台是通用的）、3 台沸水堆（来自西班牙和瑞典，其中一个为通用估计）、2 台俄罗斯设计的水冷堆（来自芬兰和斯洛伐克）和 11 台气冷堆（英国核退役管理局）。重要的是，所有数据均是与未来退役项目有关的估算。但有一个特例，西班牙正在退役的 José Cabrera 核电站（压水堆单一机组），其经费数目，部分是已完成任务的实际支出，还有一部分是未完成活动估算。通过调查无法获得有关已完成项目的详细费用数据，也无法获得有关德国、美国等国家的更多先进经验、翔实的经费数据。

根据国家监管制度，费用清单可以从退役经费估算中剔除，但实际上是通过不同方式进行核算的。表 3.1 汇总了退役经费估算中可以找到的一些关键费用名目，并明确包含在问卷反馈中。该表清楚地表明，所考虑的估计范围存在较大非均匀性。样本中变化最大的项是乏燃料和放射性废物（来自运行和退役）的运输、贮存和处置，以及受污染土地的处理。

不均匀性，是在解释和确定数据差异性或相似性时的一个至关重要的问题。各国之间和各国内部在费用估算的格式、内容和做法方面存在实质性的差异，由此可能会给退役经费估算的比较造成一定的阻碍，这已形成了广泛的共识（NEA，2012a 和 NEA，2010c）。在比较过程中，必须注意避免过于简单化。

另一个容易在数据解释和比较中产生问题的方面是，在处理费用估算之间的不确定性时缺乏一致性，3.4 节将进一步讨论。估算中使用不同的货币和参考年限也会引起不均匀性，这时就必须使用适当的校正系数。

开展退役经费估算之间的相似性和差异性分析的前提，是获得足够多的可靠数据。因为通过调查获得的信息有限，所以有必要通过收集公共领域的数据以进一步扩大数据库。2011 年的报告纳入了美国有价值的数据，包括由 NRC 委托 PNNL 编写的报告（以下称为 PNNL 研究）（PNNL，2011 年）。PNNL 的研究评估了四个已完成的退役项目（Haddam Neck，Maine Yankee，Trojan，Rancho Seco NPPs）的实际费用，还包括 NRC 已关闭的设施退役许可的实现情况，以及许可证持有者为部分运行中的反应堆制定的各种特定厂址的费用估算。但是，并未详细分析已完工项目的实际费用与估算值之间的差异，导致无法深入分析比较实际费用与估算值。尽管如此，PNNL 信息仍不失为问卷调查所得数据的重要补充。许多估算使用了 Thomas LaGuardia 开发的费用估算方法，因此，该类估算更应该看作是同一估算模型的不同迭代，只是输入的数据不同而已。此外，使用相关数据并不简单，因为 PNNL 研究报告的退役费用数据是根据美国的惯例得出的，其费用明细与 ISDC 格式有所不同，因此应尽量采用从问卷中获得的 ISDC 格式的数据。退役经费估算范围内包括（或不包括）的项目如表 3.1 所示。

表 3.1　退役经费估算范围内包括（或不包括）的项目

退役估算涉及的项目	芬兰	法国	斯洛伐克	西班牙	瑞典	瑞士	英国
卸料	Y	N	Y	N[1]	N	Y[1]	N
燃料的就地贮存	N	N	Y	N	N	N[3]	N
退役放射性废物就地贮存	Y	N	Y	N[4]	N	N	N
运行放射性废物的就地贮存	N	N	Y	N	N	N[5]	Y
运行废物的回取和处理	N	N	Y	N[4]	N	Y[2]	Y
反应堆厂房拆除	Y	Y	Y	Y	Y	Y	Y
常规构筑物的拆除，例如汽轮机厂房	N	Y	Y	Y	Y	Y	Y
地上非放射性构筑物拆除	N	Y	Y	Y	Y	Y	Y
地下非放射性构筑物拆除	N	N	Y	Y[6]	N	Y[7]	Y

续表

退役估算涉及的项目	芬兰	法国	斯洛伐克	西班牙	瑞典	瑞士	英国
放射性废物的运输和处置	Y	N	Y	N	N	Y	Y
非放射性废物的处置和回收	N	N	Y	Y	Y	Y	Y
污染土地修复	N	N	Y	Y	Y	N[8]	Y
园林绿化和取消厂址许可	N	Y	Y	Y	Y	Y	Y
厂址终态调查	Y	Y	Y	Y	Y	Y	Y
取消厂址许可	Y	Y	Y	Y	Y	Y	Y

1：与乏燃料（SNF）现场临时贮存有关的费用不包括在估算范围内。假设在开始执行退役项目之前，已经将 SNF 转移到未来的集中临时贮存库内。

2：放射性废物的处理和整备费用分摊至运行后阶段，该阶段费用已在退役费用中考虑。燃料桶及其贮存费用分摊至废物管理费用中。

3：燃料的现场和集中贮存费用分摊于废物管理费用中，与退役费用分开。

4：废物处理、贮存和处置费用中，只考虑在拆除活动实施期间与废物处理和现场临时贮存有关的任务。退役经费估算不考虑任何类别的放射性废物（高、中、低）处置费用。

5：运行产生的放射性废物的集中贮存费用分摊至废物管理费用中，与退役费用分开。

6：是否包含地下非放射性构筑物的拆除，取决于每个退役计划的具体预期终点。原则上，非放射性构筑物如果不对实现预期目标构成影响，可以保留。

7：清除地面以下 2 米内的非放射性构筑物。

8：假设无地面污染。

为此，3.3.1 节和 3.3.2 节分别评估了两组数据，即从调查问卷中获得的数据和从 PNNL 研究中提取的数据。结果表明，为两组数据绘制相同类型的图表是合理的(一组是通过问卷调查获得的部分成员国的数据，另一组是通过 PNNL 报告获得的美国的数据)。

3.3.1　大项目退役环节的费用数据

调查中使用了两个不同的表格，均基于 ISDC，用以收集成员国退役费用的详细信息。在第一个表中，按照 ISDC 格式，费用项目被汇总为 11 个大项（ISDC Level 1），并分为三类：人工、资本和支出。还需要提供不可预测费、工时、总额。调查对象还需编制第二个表格，该表中的费用被进一步细分到更小的子项（ISDC Level 2），表 3.2 中确定的每个费用项均被进一步细分为单个活动或活动集。

大多调查对象通过填写表 3.2 提供的数据不够详细，且数量较少，与 ISDC 的原始费用明细表有较大差异。

表 3.2　有关 ISDC 大项（1 级）退役经费组成的数据

费用清单	费用组					
	人力		资本	支出	不可预测	合计
	工时	NCU	NCU			NCU
01 退役前						
02 设施关闭						
03 其他安全维护活动						
04 控制区内的拆除活动						
05 废物处理、贮存和处置						
06 厂址基础设施改造和运行						
07 常规拆毁及厂址恢复						
08 项目管理、工程和现场支持						
09 研发						
10 燃料和核材料						
11 杂项支出						
合计						

NCU=National Currency Unit，国家货币单位。

所有反馈均提供了总费用，在某些情况下还规定了不可预测费，但只定义了三种详细成本类别（人工、资本和支出）。表 3.3 汇总了采取立即拆除策略的退役项目的相关数据，该数据由调查对象在调查表第三部分的答复中提供，以本国货币单位（NCU）表示，当涉及多机组厂址时，还包括整个厂址电厂的数据。由于英国核电机组（Magnox 反应堆）的特殊性和延缓拆除的退役策略，本报告表格中未纳入英国的数据。为使数据以相同的货币价值表示，已在表

3.4 中使用汇率和年度国内生产总值（GDP）平减指数将之换算为 2013 年美元（来自 OECD 统计）。

表 3.3 每个厂址在给定年份以本国货币单位报告的 ISDC 1 级经费项

国家	名字	代码	NCU	经费估计年份	类型	机组数	电功率/MW	ISDC 1 级经费项										
								1	2	3	4	5	6	7	8	9	10	11
西班牙	José Cabrera	ES-P1	EUR_{2013} M	2013	PWR	1	160	12.8	4	N/R	42.1	9.7	66.1	14.8	52.7	—	41.7	14.3
西班牙	José Cabrera	ES-P1	EUR_{2013} M	2013	PWR	1	160	12.8	4	N/R	42.1	9.7	66.1	14.8	52.7	—	41.7	14.3
西班牙	Generic-ESP	ES-P2	EUR_{2013} M	2003	PWR	1	1066	13.8	1.1	N/R	53.3	17.1	68	82.3	72.2	—	—	8.6
瑞士	Generic-CH	CH-P1	CHF_{2013} M	2011	PWR	1	1000	53.8	448	N/R	89.8	108.9	314.9	43.6	52	—	7.1	—
法国	Generic-FR	FR-P1	EUR_{2008} M	—	PWR	4	3600	—	88	N/R	433	200	62	92	87	—	—	96
西班牙	S M Garona	ES-B1	EUR_{2008} M	2011	BWR	1	466	13.7	3.2	N/R	48.8	14.1	93.7	21.2	40	—	—	10.4
西班牙	Generic-ESB	ES-B2	EUR_{2008} M	2006	BWR	1	1092	13.5	1.1	N/R	56.4	25.8	66.2	83.3	67.2	—	—	8.5
瑞典	Oskarshamn	SE-B1	SEK_{2013} M	—	BWR	3	2576	79.5	135.4	N/R	2 363.2	512.9	332.1	910.9	899.7	—	—	37.2
芬兰	Loviisa	FI-V1	EUR_{2008} M	—	VVER-213	2	976	—	58.5	N/R	159.5	30.2	10.8	—	8.3	—	—	91.7
斯洛伐克	Bohunice	SK-V1	EUR_{2008} M	2012	VVER-230	2	880	47.1	60	N/R	145.4	326.7	146.4	187.2	183.3	—	27.5	17.7

注：ISDC 01 退役前准备，ISDC 02 安全关闭，ISDC 03 安全维护（与立即拆除无关），ISDC 04 控制区拆除，ISDC 05 废物管理，ISDC 06 厂址基础设施改造和运行，ISDC 07 常规拆除，拆毁和厂址恢复，ISDC 08 项目管理、工程和现场支持，ISDC 09 研发，ISDC 10 燃料和核材料，ISDC 11 杂项。

ESB=西班牙沸水反应堆；ESP=西班牙压水反应堆；N/R=未收到。

*JoséCabrera NPP 正在进行退役，因此经费数字是根据实际支出和剩余活动的估算得出的。

表 3.5 中的数值是指单机组费用。对于拥有多机组的厂址，单机组费用指的是厂址总费用除以反应堆数量。但这并不适用于奥斯卡森（Oskarsham）核

电厂址，特别是反应堆类型不同的厂址。

图 3.1 为不同 ISDC 名录一级经费的百分比分布图，表 3.4 和 3.5 汇总了每个厂址和每台机组的费用估算值。

表 3.4　每个厂址在 2013 年以百万美元为单位报告的 ISDC 1 级经费项

国家	名字	代码	类型	机组数	电功率/MW	ISDC 1 级经费项											货币转换	
						1	2	3	4	5	6	7	8	9	10	11	汇率	GDP 平减指数
西班牙	José Cabrera	ES-P1	PWR	1	160	16.9	5.3	N/R	55.5	12.8	87.2	19.6	69.5	—	55.1	18.8	0.758	
西班牙	Generic-ESP	ES-P2	PWR	1	1066	18.2	1.5	N/R	70.3	22.6	89.7	108.6	95.3	—	—	11.3	0.758	
瑞士	Generic-CH	CH-P1	PWR	1	1 000	57.8	481.2	N/R	96.4	116.9	338.1	46.8	55.8	—	—	7.6	0.931	
法国	Generic-FR	FR-P1	PWR	4	3 600	—	121.4	N/R	597.4	276	85.5	126.9	120	—	—	132.5	0.758	1.046
西班牙	S M Garona	ES-B1	BWR	1	466	18.1	4.2	N/R	64.4	18.6	123.7	28	52.7	—	—	13.7	0.758	
西班牙	Generic-ESB	ES-B2	BWR	1	1 092	17.9	1.5	N/R	74.4	34	87.3	109.9	88.7	—	—	11.2	0.758	
瑞典	Oskarshamn	SE-B1	BWR	3	2 576	12.2	20.7	N/R	361.6	78.5	50.8	139.4	137.7	—	—	5.7	6.535	
芬兰	Loviisa	FI-V1	VVER-213	2	976	—	77.3	N/R	210.5	39.9	14.2	—	11	—	—	121	0.758	
斯洛伐克	Bohunice	SK-V1	VVER-230	2	880	62.2	79.1	N/R	191.9	431	193.2	247.1	241.8	—	36.2	23.4	0.758	

注：

1. 转换是使用从经合组织统计中获得的汇率和国内生产总值（GDP）平减指数进行的转换。不折现，因为没有答复者明确表示计算调查问卷第三部分报告中的经费使用了折现。

2. ISDC 01 退役前准备，ISDC 02 安全关闭，ISDC 03 安全维护（与立即拆除无关），ISDC 04 控制区拆除，ISDC 05 废物管理，ISDC 06 厂址基础设施改造和运行，ISDC 07 常规拆除、拆毁和厂址恢复，ISDC 08 项目管理、工程和现场支持，ISDC 09 研发，ISDC 10 燃料和核材料，ISDC 11 杂项。

ESB=西班牙沸水反应堆；ESP=西班牙压水反应堆；N/R=未收到。

表 3.5 ISDC 1 级经费项报告

单位：百万美元（2013）

国家	名字	代码	电功率/MW	ISDC 1 级经费项											总计
				1	2	3	4	5	6	7	8	9	10	11	
西班牙	José Cabrera	ES-P1	160	16.9	5.3	N/R	55.5	12.8	87.2	19.6	69.5	—	55.1	18.8	340.6
西班牙	Generic-ESP	ES-P2	1 066	18.2	1.5	N/R	70.3	22.6	89.7	108.6	95.3	—	—	11.3	417.5
瑞士	Generic-CH	CH-P1	1000	57.8	481.2	N/R	96.4	116.9	338.1	46.8	55.8	—	—	7.6	1200.6
法国	Generic-FR	FR-P1	3 600/4	—	30.4	N/R	149.4	69.0	21.4	31.7	30.0	—	—	33.1	365.0
西班牙	S M Garona	ES-B1	466	18.2	4.2	N/R	64.4	18.6	123.7	28.0	52.7	—	—	13.7	323.6
西班牙	Generic-ESB	ES-B2	1 092	17.9	1.5	N/R	74.4	34.0	87.3	109.9	88.7	—	—	11.2	424.8
芬兰	Loviisa	FI-V1	976/2	—	38.6	N/R	105.2	20.0	7.1	0.0	5.5	—	—	60.5	236.9
斯洛伐克	Bohunice	SK-V1	880/2	31.1	39.6	N/R	96.0	215.5	96.6	123.5	120.9	—	18.1	11.7	753.0

ESB=西班牙沸水反应堆；ESP=西班牙压水反应堆；N/R=未收到。

ISDC 名录一级经费的百分比分布（图 3.1）在各国之间差异较大，在某些情况下，甚至在各国内部也是如此。分布的变化可能源于：

（1）由于费用分配不同而产生的差异，例如采用不同的分配方法或 ISDC 名录之间的交叉性。即使利用构成项明确的清单来表征经费明细（在本例中是 ISDC），不同 ISDC 之间仍然存在一定程度的可变性。

（2）不同类型支出的实际差异，与不同国家的具体情况有关，进而导致该支出所占份额有所不同。

通过在 ISDC 上列出一级经费估算项的具体数值，进而明确实际估算中的差异。而且，就单项经费而言，查找共性和差异几乎是不可能的。

因此，考虑对提供的费用概算的关键项作更进一步的数据处理，在一定程度上可划分为三项主要类别：

（1）拆除活动，包括控制区内的拆除活动和常规拆除、拆毁和厂址恢复，对应 ISDC 的 04 和 07 项。

（2）项目管理，包括项目管理、工程和现场支持以及现场基础设施和运行，对应 ISDC 的 08 和 06 项。

（3）废物管理，包括废物处理、贮存和处置，对应 ISDC 的 05 项。

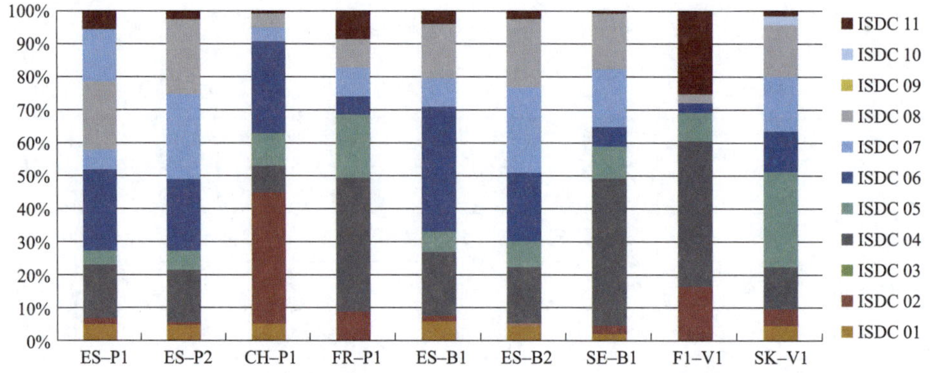

图 3.1　分配给单个 ISDC 1 级项的经费百分比

另一个重要物项是燃料管理，是退役经费中占比较大的关键步骤。但是，该物项与调查表中描述的部分退役过程并无直接相关性，常常被排除在退役经费估算范围之外。此外，与 SNF 管理相关的经费，可能因不同国家采用的燃料循环措施不同而有较大差异，甚至取决于不同的反应堆技术和为单机组选择的特定退役策略。基于此，若无更多的技术性数据（无法通过调查获得），无法进行燃料管理费用之间的比较。应注意的是，在最近的 NEA 研究（NEA，2013）关于核燃料循环后端经济的分析中，对相关情况进行了分析说明。

其他杂项支出可加在一起构成另一大类。然而，与该大类相关的费用通常占比较小。

上述三项主要类别的总费用数据分析，分别用表 3.6（按厂址分）和表 3.7（按单机组分）展示。图 3.2 提供了与表 3.6 和表 3.7 的汇总类别相关的费用的百分比分布。

表 3.6　三项主要类别的总费用（按厂址分）

单位：2013 年百万美元

核电厂（电功率）	代码	拆除活动 ISDC04+07	废物管理 ISDC05	工程管理 ISDC08+06
PWR José Cabrera（160 MW）	ES-P1	75.1	12.8	156.7
PWR Generic P（ES）（1 066 MW）	ES-P2	178.9	22.6	185.0
PWR Generic（CH）（1 000 MW）	CH-P1	143.2	116.9	393.9
PWR Generic（FR）（3 600 MW）	FR-P1	724.4	276.0	205.6
BWR SM Garona（466 MW）	ES-B1	92.4	18.6	176.4

续表

核电厂（电功率）	代码	拆除活动 ISDC04+07	废物管理 ISDC05	工程管理 ISDC08+06
BWR Generic B（ES）（1 092 MW）	ES-B2	184.2	34.0	176.0
BWR Oskarshamn（2 576 MW）	SE-B1	501.0	78.5	188.5
VVER Loviisa（976 MW）	FI-V1	210.5	39.9	25.2
VVER Bohunice（880 MW）	SK-V1	439.0	431.0	435.0

表 3.7　三项主要类别的总费用（按单机组分）

单位：2013 年百万美元

核电厂（电功率）	ID	拆除活动 ISDC04+07	废物管理 ISDC05	工程管理 ISDC08+06
PWR José Cabrera（160 MW）	ES-P1	75.1	12.8	156.7
PWR Generic P（ES）（1 066 MW）	ES-P2	178.9	22.6	185.0
PWR Generic（CH）（1 000 MW）	CH-P1	143.2	116.9	393.9
PWR Generic（FR）（3 600 MW）	FR-P1	181.1	69.0	51.4
BWR SM Garona（466 MW）	ES-B1	92.4	18.6	176.4
BWR Generic B（ES）（1 092 MW）	ES-B2	184.2	34.0	176.0
BWR Oskarshamn（2 576 MW）	SE-B1	—	—	—
VVER Loviisa（976 MW）	FI-V1	105.2	20.0	12.6
VVER Bohunice（880 MW）	SK-V1	219.5	215.5	217.5

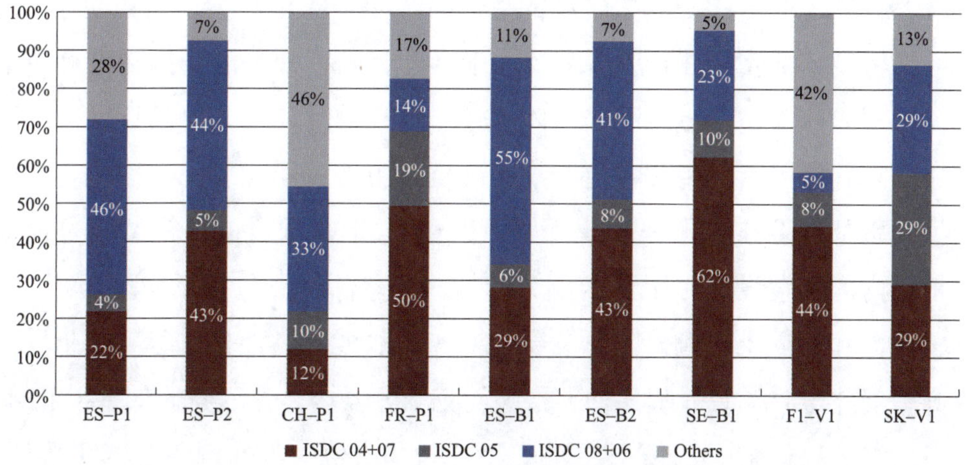

图 3.2　汇总类别–百分比分布

除此之外，下面分别就三项“主要”经费类别，分别进行详细分析：

（1）拆除活动（ISDC 04+07）：在控制区进行常规拆除和现场修复。

（2）工程管理（ISDC 08+06）：包含工程和厂址支持，以及厂址基础建设和运营支持。

（3）废物管理（ISDC 05）：废物处理、存储和处置。

本分析基于表 3.6、表 3.7，也基于通过调查收集的信息和第 3.5 节中的案例研究。

3.3.1.1 拆除活动（ISDC 04+07）

该项费用（对应于 ISDC 04+07）受估算范围的影响。从表 3.1 中可以看出，估算值之间可能存在显著差异。特别是，在所审议的案例中，非放射性构筑物（地上和地下）和传统厂房和建筑物的拆除，以及受污染土壤的修复和厂址的美化工作，均未涵盖。值得注意的是，从芬兰的情况来看，该类费用的估算仅包括受到放射性污染部分，且假定厂址无地表污染，因而经费估算低于其他情况下的估算结果。需要注意的是，费用估算与假定的厂址退役终态直接相关，对于洛维萨（Loviisa）来说，清理后该厂址已被指定用于工业目的。如表 3.1 所示，因要求的限制，大大缩小了 Loviisa 退役的活动范围。与斯洛伐克 VVER Bohunice V1 退役的情况截然不同，后者的退役经费估算，是假设使用的厂址为无限制开放，退役终态要求完全修复厂址环境，且是基于全范围，这也在一定程度上解释了得出的估算值较高的原因。

污染程度、排放标准、清洁解控水平，以及在各种去污和拆除过程中采用的具体技术方法，是否涉及单体/大型物件拆卸、解体，均影响退役经费估算。也可能受到其他因素（例如特定废物管理路线方针的可用性）的影响，从而可能导致经费估算存在较大差异。例如，Loviisa 退役项目的关键要素是需要提供一个场内的处置设施，用于接收未切割的大型部件，包括反应堆压力容器、蒸汽发生器和混凝土结构。因此，反应堆容器和堆内构件将进行整体拆除，并且将其他活化部件（如屏蔽元件）放入反应堆容器内。受污染的部件（主回路、蒸汽发生器、稳压器和其他部件）将在不切割和不包装的情况下进行直接处置。该情况下，以及由此产生的可能的特定技术方法，可以大大减轻拆除任务和加快进度、降低成本。在斯洛伐克 Bohunice V1 退役项目中，主回路的大型组件切割后装入特定的容器内，然后就地贮存在厂址内建设的综合贮存库内，直至最终外送处置。瑞士反应堆退役是唯一设想通过深度去污（在完全对系统进行净化后）后拆除一回路设备部件的典型案例。其他国家通常是通过半远程作业实施拆除工作。

一些与拆除活动、常规拆卸和拆解有关的活动在很大程度上取决于反应堆的规模和功率，该说法不合理。例如 José Cabrera，一台电功率 160 MW 的单回路压水堆，报告的退役经费额度（包括实际费用和估算费用，因为项目正在进行中）低于类似电功率 1 000 MW 压水堆的退役经费。但是，得出该结论需谨慎，其主要原因是采用了不同的费用估算模型。例如，电力研究所（EPRI）基于美国数据的研究表明，电厂规模与整体退役费用之间无明确关系（EPRI，2011）。

运行史和实际污染水平，以及适用于各个电厂的具体排放标准和清洁解控水平，也会对拆除费用产生较大影响。调查样本中考虑的许多情况均为一般性估算，不适用于那些有特定运行历史记录的情况；对于具体厂址的估算，调查反馈中未报告可能造成污染增加和/或对该类费用产生重大影响的事件。因此，从已用数据来看，就总经费的其他部分而言，无法判断该结论对退役费用可能的影响程度。

3.3.1.2　项目管理（ISDC 08+06）

与项目管理相关的费用项（对应于 ISDC 08 和 06）中所含活动相关费用的估算不取决于核电厂规模。这也是 NEA（NEA，2003）强调的观点，该费用与规模之间的非线性关系是由部分活动的固定取费导致的，如项目管理（PM）、核电厂勘测、安全性和工程实施，所需费用基本与核电厂规模无关。其他因素对此类费用的影响可能较大。EPRI（EPRI，2011）也发现，在美国，随着核电厂退役经验的积累，人力成本不再呈现显著变化。

下面从退役组织架构和持续时间两个方面分析与项目管理相关的费用项。

（1）退役组织架构，包括单机组和多堆厂址

毫无疑问，项目管理所采用或假定的架构类型是影响相关经费及分配的一

个重要因素，被许可方是否完全执行了现行项目，或者在多大程度上外包给了外部承包商，是有较大区别的。前者只对项目进行管控和监督。厂址的类型甚至获取许可组织的架构也有重要影响。与项目管理、工程设计、现场支持、厂址基础设施改造和运营相关的任务，可在厂址内的不同机组之间，甚至在整个机组之间共享。这点至少可以部分解释法国案例的低成本，该案例提供了 4 台 900 MW 压水堆机组的一般退役经费估算。该方法的另一应用，是英国核设施退役局（NDA）采用的 Magnox 退役方案，旨在允许战略优化、协调资源共用，包括执行特别合同以及分享最佳做法和经验教训，目的是提升从第一个（FOAK）到第 *n* 个（NOAK）经验的系列效应和收益。

下面就一些特定情况对项目管理和组织架构方面的一些细节进行说明。

① 芬兰

根据提供的信息，预计 Loviisa 核电厂的退役将受益于多机组实施和效率共享。对两个机组来说，某些活动（例如准备工作和活性物质的清除）将是按顺序进行的，且时间间隔很短；两个机组可一起实施其他退役相关活动（例如与受污染材料相关的活动）。

假定退役责任由许可证持有者承担，且不可转移。退役项目计划实施将主要由 Loviisa 核电厂运营商 Fortum Power&Heat 的前运行人员完成，他们熟悉核电厂情况。必要时，可分包具体工作和单项任务。随着退役的实施，Loviisa 核电厂原运营组织逐渐调整，直到退役完成。退役开始时，许可证持有者将负责工作规划、监督和指导承包商等工作，以及必要工艺系统的操作和维护、乏燃料和退役废物的贮存和运输、辐射防护、废物的监测和解控、财务、食宿和相关办公服务等。承包商工作还包括工艺系统的拆除、切割解体和打包、建立放射性物料的管理系统以及必要的清理工作。表 3.8 列出了退役开始后随着工作进展的年度人员需求情况。核电厂关闭后，乏燃料将在核电厂内暂存 35 年。在此期间，最大的人员需求接近 430 人，存在三个不同的人员需求高峰。第一个人员需求高峰发生在 Loviisa 2 号机组退役准备阶段的前期，第二个是 Loviisa 2 号机组退役实施的前期，第三个是所有乏燃料从核电厂运走后，受污染辅助系统的拆除阶段。Loviisa 核电厂退役的总工作量约为 2 955 人年，其中近 60%（57%）的工作量由核电厂内部人员完成。

表 3.8 Loviisa 核电厂退役年度总工作量

Loviisa 1 关闭后的年限	电厂内部人员工作量/人年	承包商工作量/人年
1	156	29
2	156	33
3	135	101
4	297	82
5	297	130
6	141	107
7	141	82
8	141	130
9	18	6
39	71	279
40	71	242
41	71	39
合计	1 695	1 260

退役第一阶段持续时间为 8 年（2027—2035 年），此后 30 年期间，乏核燃料将在厂址内暂存冷却，期间需要进行贮存库的维护和安保工作。第二阶段持续时间也是 8 年（2060—2068 年），需要进行乏燃料贮存库和废物固化厂的拆除工作，期间需要密闭贮存库。在两个阶段之间的年份，不包括在退役计划中。

② 法国

法国电力公司（EDF）所属核电厂退役，责任由法国电力公司承担，不可转移至其他机构。2001 年，EDF 成立了一个退役与环境工程中心（CIDEN），专门负责退役和环境领域工作。凭借 CIDEN 的工程设计和施工监理能力，EDF 可保证必要的技术能力水平。CIDEN 是 EDF 在退役关键领域的主要承担者；退役期间，在 EDF 内部，将退役责任由运营商（生产部，DPN）转移到至 CIDEN。EDF 压水堆通过多机组一起退役的方式，对 4 台电功率 900 MW 的压水堆一并进行退役经费估算，开展了首批退役机组的研究，并为后续 EDF 的其他机组退役提供经验。CIDEN 的创建是 EDF 组建实施退役队伍的一个重要里程碑。

③ 西班牙

关于放射性废物管理的第11/2009号法律规定了退役的组织和责任。根据法律，包括乏燃料在内的放射性废物管理以及核设施的拆除和退役，是国家必须确保的一项基本公共服务，委托国家放射性废物管理公司（ENESA）承接该项服务。与退役相关的职责包括：核设施与辐射设施的退役与拆除工作的管理；为后续退役经费的收取开展必要的技术、经济和财政研究；退役经费管理和为废物管理和退役活动提供经费支持。为此，在核设施退役期间，责任将由核电厂运营商转移至ENESA。

ENESA的退役机构主要由机构现场项目部的工作人员组成，在项目实施中担负着重要的职务和职责。现场项目部可得到总部各部门［如退役工程、低放废物（LLW）工程、现场承包商］的大力支持。作为参考，José Cabrera NPP退役项目部承包商人数高达250人。

该模式旨在将退役工作分成若干个工作包，并根据最新的可用信息来调整合同的范围。尽管该方法可以更好地控制项目并减少与承包商的分歧，但需要依靠ENESA的深度参与和它调配的大量资源。

④ 斯洛伐克

Bohunice V1 NPP（Bohunice的1号和2号机组）的退役由JAVYS公司自行及外部承包商进行。JAVYS尽量将短期、低附加值的工作（如普通拆除或拆除工作）外包，高度专业化的工作（如主回路远距离切割）也进行外包。该项目的特殊性在于，欧盟资助的部分，其资金由欧洲复兴开发银行（EBRD）管理，需要在EBRD外部技术和财务顾问的参与下，设立专门的项目管理机构。该融资形式要求对部分退役项目的规划、准备和采购按照规定的程序实施。因正式审批流程多，导致合同准备阶段周期长、工程成本高。然而，合同涵盖了表3.1中提到的所有项目，并解释了Bohunice V1退役费用较高的原因。

（2）持续时间

在拆除活动的综合费用类别中，持续时间是一个关键参数，因为管理和现场支持的大部分服务贯穿于整个项目的执行过程，因此与退役活动的时间跨度有关。有些服务即使在停滞期也需要保留。基于此，任何延期均可能导致成本显著增加。根据给定国家的一些典型项目，表3.9中列出的示例汇总了退役项目各阶段预期的时间周期。在考虑的示例样本中，假设立即拆除即代表退役的开始，通常退役持续时间为 5～13 年（在准备工作和卸料之后）。

瑞士研究得出的时间周期更长，从最终关闭到核电厂解除监管（许可证注销）可长达 20 年（该估算是假设核电厂关闭五年后，燃料已经从核电厂移除）。乏燃料湿法贮存设施退役预计在最终关闭后 19 年开始，并持续 2 年。瑞士估算退役经费时将核电厂运行的最后阶段纳入其中，并在拆除过程中（拆除过程中的作业）增加了支持功能，导致持续时间更长，退役经费估算增加。另一个可能导致费用估算增加的因素是具体的劳动力成本（调查问卷反馈的劳动力总年数为 585 人年，包括退役前）。尽管劳动力价格是影响该类成本的关键参数，但由于缺乏相关的国家数据，因而无法对劳动力需求情况进行分析。

表 3.9 各种退役项目中典型阶段的假定工期

<table>
<tr><th>国家</th><th>机组数</th><th>终态</th><th>准备工作</th><th>拆卸</th><th>去污</th><th>常规拆除/
厂址恢复</th></tr>
<tr><td>芬兰</td><td>2</td><td>棕地</td><td>2 年</td><td>2 年</td><td>3 年</td><td>不包括</td></tr>
<tr><td>法国</td><td>4</td><td>备注 1</td><td>3 年</td><td>7 年</td><td>3 年</td><td>2 年</td></tr>
<tr><td>斯洛伐克</td><td>2</td><td>棕地</td><td>1 号机组 3 年
2 号机组 5 年</td><td>3 年</td><td colspan="2">10 年</td></tr>
<tr><td>西班牙</td><td>1</td><td>绿地，备注 2</td><td>2 年</td><td>4 年</td><td colspan="2">3 年</td></tr>
<tr><td>瑞士</td><td>1</td><td>绿地</td><td>5 年</td><td colspan="3">10～15 年</td></tr>
</table>

注：

1. 在法国，退役项目包括对地面以下一米以内的所有建筑物的常规拆除。

2. 绿地是退役终态目标。然而，七年周期只是作为费用估算、规划和筹资的假设，而不是任务完成的期限。

对于斯洛伐克的 Bohunice 退役项目，假设终态为棕地（向下至施工坑底部），项目预期包括退役实施前的 14 年，相比其他案例周期长。进而表明该退役项目的技术复杂性，同时说明依照欧洲复兴开发银行的采购规则和正式批准程序需要进行长期的准备工作，这也正是项目管理、工程和现场支持相关费用居高不下的原因之一。Bohunice NPP（V1）的 1 号和 2 号机组分别于 2006 年 12 月和 2008 年因加入欧盟而关闭。为了准备预期的退役和相关的许可证，有必要对与正在运行的 NPP V2（3 号和 4 号机组）的场内关联系统进行系统改造（包括 NPP V1 所有权变更带来的费用）；预期耗资约为 6 000 万欧元。总的来说，由于退役准备工作不充分，提前关闭和计划外关闭可能会导致费用增加。

3.3.1.3 废物管理（ISDC 05）

该项费用对应 ISDC 05，但是估算该项费用所包含的范围存在较大差异。尽管预期废物管理费用将随着废物量的增加而增加（见 PNNL，2011 年）可能并非不合理，但是有些其他分析（见 EPRI，2011 年）发现，在核电厂退役项目中，放射性废物的费用并没有随着废物量的增加而显著增加。与其他合计费用相比，与此类别相关的费用数据显示，该类数据具有显著的分散性。每一个观察结果几乎都是独立存在的，如果不考虑其背后的影响因素，就无法进行分析。根据现有信息，接下来对其中的一些因素进行讨论。

数据库的第一个区别是经费项定义的范围不同，并非所有国家均在废物管理费用项内列出了每个子项所花费的费用。例如，西班牙核电厂相关的数据不包括废物运输和处置的费用。如果该项费用未包括废物运输和处置费用，则退役经费估算时会通过其他方式进行核算。

废物管理费用估算的另一个因素是废物清单：具体包括废物分类、体积和预期的活度/剂量率。废物清单和废物分类在每个案例中均不尽相同，甚至在同一国家也有较大差别，主要取决于估算的类型、技术和能力（例如西班牙案例）。如果在退役经费估算中包含了废物的贮存和处置费用，则废物管理路线的可用性、特性和费用，是废物管理经费的决定性因素。

对于芬兰的 Loviisa 退役项目，一个特别有利的情况是，厂址内可以提供一个能够接收未切割大型部件的处置设施，进而降低了预算中就地废物处理的成本。在 Loviisa，实际上退役期间无须现场贮存放射性废物，可以直接处置，仅需要提供临时贮存设施，以完成核电厂与处置设施之间的转运。处置场建于 1990 年代，位于花岗岩基岩中，深度约 100 m，可以接收从运行到退役的低、中放废物（LLW 和 ILW）。此外，处置设施的建造费用按照放射性废物经营管理的预算安排提取，仅将扩建部分费用纳入退役经费估算。

在法国和瑞士，在贮存库建成之前，放射性废物将贮存在临时贮存设施中，某些超过 El Cabril 处置设施接收标准的废物，将贮存在西班牙。西班牙对该项费用进行估算时综合考虑相关国家采取的方法。

对于瑞士，尽管估算的废物量相对较低（特别放射性废物项），但与废物管理有关的绝对和相对费用均较高。该费用包括退役废物在 LLW 深层地质处置库中的处理、整备和最终处置所产生的费用。

在斯洛伐克，废物会接运至废物处置设施中，或在废物处置设施建成之前进行就地贮存。最初，仅有 VLLW 和 LLW 转运至已投运的国家处置库中[Mochovce 国家处置库可用于接收运行和退役产生的 LLW，而 VLLW 贮存库正在建设中]。Mochovce 国家处置库中未处理的放射性废物将在 Bohunice 新的综合贮存设施（目前正在建设中）中进行处理。废物处理费用来自现有放射性废物（RAW）处理收取的费用，并包含了今后 RAW 处理设施退役的费用。Bohunice 退役费用较高的原因是包括了在国家处置库中额外建造的二次费用、在 Bohunice 建造综合贮存设施，以及改造现有的废物处理和处置设施。

3.3.2 PNNL 数据

如表 3.10 所示，PNNL 数据把退役费用在更高层级的处理流程中进行分类，并进一步汇总为直接费用（包括去污/拆除、废物处置和其他直接成本）、管理费用（包括项目管理、SNF 管理以及核电厂运营和管理相关的成本）、其他费用（例如保险和监管费用、能耗，以及调查、许可和财产税）。据报告，大部分量化数据是以直接费用、管理费用和其他费用进行上报，因此无法得出与 ISDC 费用类别的直接对应关系。表 3.11 按厂址和费用类别列出了退役费用(以美元计，按年度估算)。使用经合组织统计报告中的年度国内生产总值 GDP 平减指数将费用换算为 2013 年美元，如表 3.12 所示。

表 3.10 PNNL 研究中使用的经费结构

许可证终止费用（不包括常规拆除）		
直接费用	去污/拆除	去污
		拆除
		打包
		运输
	废物处置	废物处置
		废物处理

续表

许可证终止费用（不包括常规拆除）		
直接费用	其他直接费用	乏燃料池隔离
		其他设备
管理费用		项目管理
		未包含在在许可证终止费用中的 SNF 管理
		核电厂运行和管理
其他费用		保险和监管
		能源
		调查和认证
		财产税

表 3.11　退役费用——美国厂址的实际费用和估算费用

以估算年度的百万美元计（立即拆除）

核电厂	年	项目管理[1]	去污和拆除	保险	财产税	能耗	废物打包	废物运输	废物填埋	厂址恢复	总费用（不含厂址恢复）	总费用（含厂址恢复）
实际费用（压水堆）												
Haddam Neck	1997—2007	311	290	1	16	N.A.	未提供	102	未提供	43	721	764
Maine Yankee	1997—2005	176	122	18	12	N.A.	未提供	95	未提供	16	424	441
Trojan	1993—2005[2]	111	58	N.A.	N.A.	N.A.	14	11	13	18	208	226
估算费用（压水堆）												
Braidwood 1	2009	201	124	8	12	5	16	11	65	68	442	510
Braidwood 2	2009	243	173	8	13	6	14	9	63	91	529	620
Byron 1	2009	208	120	8	17	4	16	11	65	68	448	516
Byron 2	2009	242	165	7	16	4	14	9	63	92	521	613
Diablo 1	2002	288	95	11	0	7	13	5	126	39	545	584
Diablo 2 and Common	2002	291	116	10	0	6	13	5	126	88	566	654
Prairie Island 1	2008	273	92	13	11	12	18	7	62	34	488	522
Prairie Island 2	2008	295	115	12	11	13	18	7	66	55	538	593
Salem 1	2002	234	115	11	0	8	12	12	98	未报道	489	—

续表

核电厂	年	项目管理[1]	去污和拆除	保险	财产税	能耗	废物打包	废物运输	废物填埋	厂址恢复	总费用（不含厂址恢复）	总费用（含厂址恢复）
Salem 2	2002	272	133	9	0	7	12	12	99	未报道	545	—
Three Mile Island	2008	238	134	8	6	6	13	15	84	78	504	582
估算费用（压水堆）												
Cooper	2008	231	111	27	0	4	13	9	111	37	506	543
LaSalle 1	2009	235	164	8	9	6	20	12	92	50	547	597
LaSalle 2	2009	245	179	6	9	6	21	13	95	67	573	640
Monticello	2005	208	101	10	13	7	10	7	91	未报道	447	—
Oyster Creek	2003	174	132	10	11	2	12	6	134	52	480	532
Vemont Yankee	2006	228	97	12	0	2	12	13	104	45	469	514

注：

1. 除人工外，项目管理还包括不能直接分配给退役活动的费用（即设备租金、用品等）。
2. 尽管退役发生在 1993—2005 年，但实际费用以 1997 年美元计。
3. 根据 PNNL（2011）的表 3.5 进行估算。对于实际案例，数据摘自报告中的详细案例分析。

表 3.12 退役费用——美国厂址的实际费用和估算费用

以 2013 年度百万美元计（立即拆除）

核电厂	年	项目管理[1]	去污和拆除	保险	财产税	能耗	废物打包	废物运输	废物填埋	厂址恢复	总费用（不含厂址恢复）	总费用（含厂址恢复）
实际费用（压水堆）												
Haddam Neck	1997—2007	311	290	1	16	N.A.	未提供	102	未提供	43	721	764
Maine Yankee	1997—2005	176	122	18	12	N.A.	未提供	95	未提供	16	424	441
Trojan	1993—2005[2]	111	58	N.A.	N.A.	N.A.	14	11	13	18	208	226
估算费用（压水堆）												
Braidwood 1	2009	201	124	8	12	5	16	11	65	68	442	510
Braidwood 2	2009	243	173	8	13	6	14	9	63	91	529	620
Byron 1	2009	208	120	8	17	4	16	11	65	68	448	516
Byron 2	2009	242	165	7	16	4	14	9	63	92	521	613
Diablo 1	2002	288	95	11	0	7	13	5	126	39	545	584
Diablo 2 and Common	2002	291	116	10	0	6	13	5	126	88	566	654
Prairie Island 1	2008	273	92	13	11	12	18	7	62	34	488	522
Prairie Island 2	2008	295	115	12	11	13	18	7	66	55	538	593

续表

核电厂	年	项目管理[1]	去污和拆除	保险	财产税	能耗	废物打包	废物运输	废物填埋	厂址恢复	总费用（不含厂址恢复）	总费用（含厂址恢复）
Salem 1	2002	234	115	11	0	8	12	12	98	未报道	489	—
Salem 2	2002	272	133	9	0	7	12	12	99	未报道	545	—
Three Mile Island	2008	238	134	8	6	6	13	15	84	78	504	582
估算费用（沸水堆）												
Cooper	2008	231	111	27	0	4	13	9	111	37	506	543
LaSalle 1	2009	235	164	8	9	6	20	12	92	50	547	597
LaSalle 2	2009	245	179	6	9	6	21	13	95	67	573	640
Monticello	2005	208	101	10	13	7	10	7	91	未报道	447	—
Oyster Creek	2003	174	132	10	11	2	12	6	134	52	480	532
Vemmont Yankee	2006	228	97	12	0	2	12	13	104	45	469	514

根据 NRC 的法规标准，核电厂退役、去污完成后，允许核电厂许可证终止。因此，非放射性设施的拆除或已去污至许可证终止标准以下的放射性设施的拆除，都不属于退役活动，相关费用未列入 NRC 估算的许可证终止费用中。但是，退役是美国州一级的监管范围，其他估算可能要求包括该项费用。同样，为达到比 NRC 许可级别更严格的解控标准而进行的去污和修复活动，不被 NRC 视为退役活动，因此不包括在 NRC 的许可终止费用中。这些活动可能是为了需要满足美国州一级的要求。因此，获取的特定美国核电厂的厂址恢复费用相关数据，在 PNNL 研究中另行给出（例如 PNNL，2011 年：表 3.5）。

对于双机组厂址，每台机组建立本机组的退役费用台账。利用第 3.3.1 节中确定的三个主要类别对表 3.12 中的数据进行分类汇总，得到表 3.13 和表 3.14。表 3.13 和表 3.14 分别列出了按机组和按厂址进行划分的结果，以及由此产生的总费用。

表 3.13　单机组的总经费——美国单机组的实际费用和估算费用

2013 年百万美元（立即拆除）

核电厂	去污和拆除	废物管理	项目管理	厂址恢复	总费用
Haddam Neck	318	112	341	48	819
Maine Yankee	141	110	204	19	474

续表

核电厂	去污和拆除	废物管理	项目管理	厂址恢复	总费用
Trojan	79	52	151	25	307
Braidwood 1	132	98	214	72	516
Braidwood 2	184	92	259	97	632
Byron 1	128	98	222	72	520
Byron 2	176	92	258	98	624
Diablo 1	119	180	361	49	709
Diablo 2 and Common	145	180	365	110	800
Prairie Island 1	99	94	293	37	523
Prairie Island 2	124	98	317	59	598
Three Mile Island	144	120	256	84	604
Cooper	119	143	248	40	550
LaSalle 1	175	132	250	53	610
LaSalle 2	191	137	261	71	660
Oyster Creek	162	187	214	64	627
Vermont Yankee	109	145	256	51	561

注：

1. 废物管理=废物打包+废物运输+废物填埋。

表 3.14　每个厂址的总费用——美国厂址的实际费用和估算费用

2013 年百万美元（立即拆除）

核电厂	去污和拆除以及厂址恢复	项目管理	废物管理[1]
Haddam Neck	366	341	112
Maine Yankee	160	204	110
Trojan	104	151	52
Braidwood 1 and 2	485	473	190
Byron 1 and 2	474	480	190
Diablo 1 and 2	423	726	360
Prarie Island 1 and 2	319	610	192
Three Mile Island	228	256	120
Cooper	159	248	143
LaSalle 1 and 2	490	511	269
Oyster Creek	226	214	187
Vermont Yankee	160	256	145

注：废物管理=废物打包+废物运输+废物填埋。

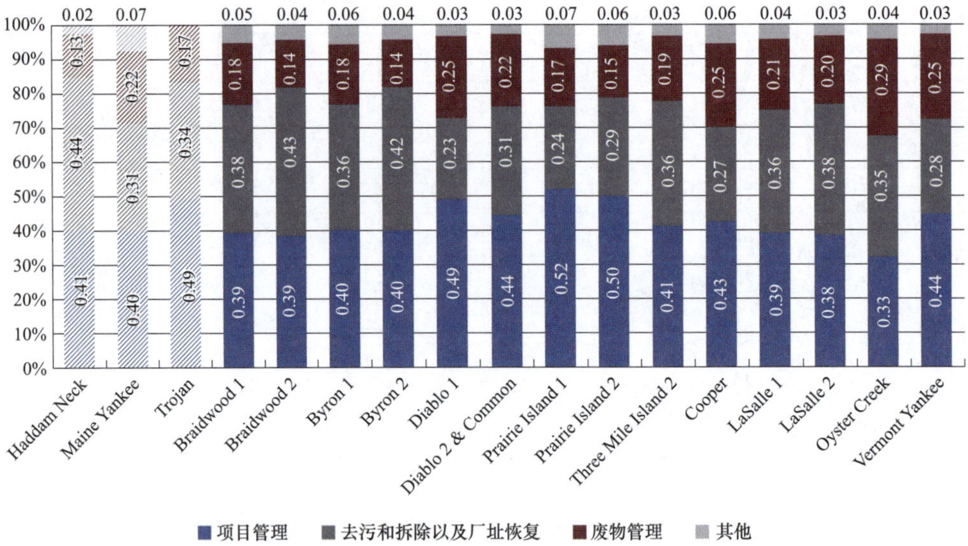

注：废物管理=废物打包+废物运输+废物填埋

图 3.3　与汇总类别相关的费用占总费用的百分比

3.3.2.1　退役和拆除（D&D）以及厂址恢复

在 PNNL 数据中，表 3.11 的去污和拆除项目下列出的费用与 PNNL（2011 年）报告中的厂址恢复费用在大体上是相吻合的。

Trojan 的退役费用低，是各种因素叠加影响的结果。首先，对大型设备进行整体拆除是可行的，因为汉福特核活动保留区（Hanford Atomic Reservations）足以处理该类废物，进而大大缩减时间和费用。此外，厂址环境调查的结果表明，放射性物质未扩散至环境中，包括地表水和地下水（如果有，需要根据相关的解控水平进行补救），进而降低了成本。未受污染的建筑物的拆除和厂址修复尚未完成。因此，除了已经发生的费用外，相应的费用数据还包含未完成工程的估算报价。

Haddam Neck Plant 核电厂（HNP）退役的经验则大不相同。对于 HNP，反应堆压力容器（RPV）堆内构件是分段拆除的，且因 RPV 活度水平高于 LLW 处置设施接收限值（所选处置设施的 800 000 Ci 与 50 000 Ci 限值相比），因此，将该设备分段拆除并在 ISFSI 现场贮存。堆内构件的切割是极具挑战性的工作，拆除周期约为 29 个月。该时间跨度远超最初预估时间，也超出了该活动的累积集体剂量。同样，由于康涅狄格州设定了严格的解控标准，对建筑物和地表进行去污以及对土壤进行修复是一项艰巨任务。超过限值的土壤作为放射性废物进行管理。此外，该活动外包给承包商（PNNL 研究中提到的退役运营承包商——DOC）。期间，因缺少项目相关的信息，通常将 DOC 估算费用为计划管理费，并与“废物处理”和“乏燃料管理”类别的经费项目一并划归“去污”费用项目。所有相关因素均导致 HNP 退役项目的总费用（实际的或由经费分配引起的）逐步增加。

3.3.2.2 项目管理

退役实践表明，在项目执行过程中管理变更影响显著。对于 Trojan，许可持有者决定对厂址实施退役，无重大变化或困难，效率高。然而，事实上 Haddam Neck 和 Maine Yankee 的最初计划是由许可证持有者管理退役工作，但随后将该工程承包给了 DOC。在下述两种情况下，许可证持有者可选择继续执行项目活动。一种是承包公司破产，Maine Yankee 即为该情况；另一种为 DOC 有关的合同变更，如 Haddam Neck。对于这两种情况，管理上的改变均导致了方案的复杂化和延期，并最终导致退役成本大幅上升。在 HNP 项目上出现了更大的延期，因此成本更高，主要是因为项目遇到了其他难以解决的问题，如反应堆内部构件切割的复杂性、增加地下水监测、更为严格的许可证终止解控标准等。

如前所述，项目工期是退役总费用中关键参数之一。PNNL 的研究还强调了 SNF 管理技术路线无法实现会导致管理障碍和额外费用的增加。通常情况下，需要在厂址建造（或扩大）临时 SNF 贮存库（就像大多数美国厂址假设立即拆除一样）。在此期间，乏燃料会保留在现有燃料池中实施湿法贮存，有时在停堆后相当长的一段时间内（例如 Diablo Canyon 的 1 号和 2 号机组为 12 年）也会进行同样的操作。当燃料在现场临时贮存时，需要按法规标准要求增加相应的安全保卫和实物保护。有时这是延迟拆除的关键因素。延迟拆除方案避免了对燃料处理设施退役的限制，根据处置设施的规划时间表来安排活动，可以缓解该类问题，从而可以在开始去污和拆除之前，将 SNF 库存从现场移除。

3.3.2.3 废物管理（打包、运输、填埋）

PNNL 数据中废物管理相关的三个经费项目：废物打包、运输和填埋，如表 3.11 所示。正如第 3.3.1 节所述，预估废物管理费用的一个重要因素是废物清单（可以是估算中假设的废物清单，或是在已完成退役的项目中实际产生的废物清单）。PNNL 所提供的数据中应包含该类废物。

从已完成退役项目的费用以及产生的废物量来看，HNP 退役产生的废物管理费相对较高，部分原因是其产生的废物量远远高于其他已完成退役项目产生的废物量。其主要原因是康涅狄格州采用的排放标准和清洁解控水平。PNNL 研究报告称："多个政府机构对 HNP 退役的监管，使得厂址释放标准的审批过程变得复杂。"相关限制严于 NRC（PNNL，2011）的有关规定，尤其是要求拆除现场建筑物及构筑物的地上部分，并将构筑物、系统和部件拆除至地下 4 英尺。最值得关注的是，Haddam Neck 厂址下方的地下水要达到按居民使用的标准，这需要进行严格的地下土壤修复，待清除的土壤远高于满足 NRC 终止厂址许可证所需的数量。超标土壤按放射性废物进行处理处置。因此，Haddam Neck 退役期间产生了大量的废物。该类废物的打包、运输和处置为项目的主要工作任务，费用所占比例较大。

退役产生总废物量的实际数据，与核电厂功率之间无明确关联。这与 EPRI（2011）报告的结论一致。此外，通过查看用于废物管理经费数据，得出经费并不总是与待处理处置废物量保持正比变化。对于特定核电厂或者单台机组，废物处理的费用，与选择或假设的管理策略、解决方案有更强的关联。废物管理路线的可实现性甚至决定了反应堆退役的方式。例如，如果有足够的处置库可供使用，则最好进行整体处置。实际废物产生总量，反而影响退役时间跨度和相关费用，不仅是对退役废物管理自身费用的影响，还涉及其他类型费用的影响。典型案例，如 Trojan 退役所产生的实际废物管理费用具有参考性。对于 Trojan 的退役，LLW 全部运输至美国华盛顿州 Richland 的 Ecology LLW 处置设施直接实施处置。该过程产生的费用相对较低，且受到当时适用于该处置设施的年接收量的限制（PNNL，2011 年）。值得关注的是，因该废物管理路线可行，反应堆压力容器实施整体移除，内部构件完好，通过驳船运输至该设施直接实施处置，蒸汽发生器和稳压器采取同样的处理方式。该方式优势明显：

减少废物量和人员受照剂量、减少放射性运输频次，进而节省大量费用。该项目最具挑战性的是，其处置方案需要获得几个州和联邦政府的批准。若无监管方式的改变，将反应堆压力容器和堆内构件整体处置的方案，并不可推广至美国的其他商业核电厂退役项目中。在这方面，Trojan 在废物管理方面经验，无论是方法上还是在具体费用方面，均是独一无二的。

值得注意的是，未来退役项目预估产生的废物量远低于所有已完成项目的经验数据（如果与 Haddam Neck 和 Maine Yankee 相比，废物产生量降低了一个量级；如果与 Trojan 相比，数量减少了近 50%）。出现该偏差最可能的原因是：大多数估算均是基于相同的方法。许多明显不同的估算也只是同一模型的迭代，不同的核电厂也只是输入了不同的参数而已。

Oyster Creek 废物管理的费用估算最高，主要是因为其 LLW 费用包括“大量污染土壤的修复”。但是，受污染土壤的实际体积在报告中并未给出。Vermont Yankee 的 LLW 量也包括大量受污染的土壤（约 3 800 m^3），致使其管理费用比同类核电厂（功率）费用高（例如 Oyster Creek 高于 Monticello 和 Cooper 核电厂）。

3.4 关于不确定性、突发事件及风险考虑

3.4.1 缺乏认知导致的不确定性

对于新设施，应在设计阶段早期开始着手制订初步退役计划，并持续到退役授权终止。而对于未制订退役计划的现有设施，许可持有者应尽快编制退役计划（IAEA，2014）。无论哪种情况，许可证持有者均应定期审查和更新退役计划。初步退役计划应确定退役方案、证明退役的可行性、确保有足够的财政资金用于退役、以及确定退役过程中可能产生的废物种类和数量。退役计划应由许可证持有者进行更新，监管机构在设施寿期内定期审查，直至退役完成。由于退役计划编制工作开始于退役实施之前的几十年，单独某项数据的不确定性，将影响费用估算项，例如物理数据、放射性数据、退役工艺过程和经济参数（NEA，2012b&2014）。

风险分析是可能影响退役工作计划和经费估算的主要因素。无论如何，均应使用实际退役项目的经费数据来不断更新估算，从而更好地控制不确定性，改善经费评估，便于编制每个设施的年度支出计划（NEA，2010）。实际退役项目经费数据的缺少，是退役经费估算进行基准测试和验证的主要障碍。

3.4.2 如何考虑不确定性

此外，在退役项目的执行过程中，可能会引入各种因素（如技术、安全、监管和工作流程问题），可能会重新进行流程规划，从而影响费用和时间安排。从经费估算的角度来看，风险和不确定性需要通过估算过程和风险分析来解决。

ISDC 为退役经费估算提供了具体指导。然而，在分析退役经费估算的不确定性方面，普遍缺乏一致性和清晰度。从本报告中就可以看出来，表 3.15 中估算值的计算方法普遍缺乏一致性和清晰度。

表 3.15 用于评估不确定性的方法

国家	评估不确定性的方法	均值	幅度%[2]
捷克	使用计算模型并部分基于经验	不支持	
芬兰	基于经验。预留 10%用于支付意外费用	～9%	9.08～9.1
斯洛伐克	使用风险分析和风险评估。基于成本估算方法	8%	0.2～16.5
西班牙	考虑到与特定活动相关的不确定性，需考虑项目不同阶段的不可预见因素	不支持	
瑞士	新法令要求 30[1]。本研究中给出的数字不具备不确定性	30%	
英国	计算模型（三点估算的蒙特卡罗模拟）和基于以往项目经验的管理判断的结合	17%	1～24[3]

注：

1. 总计，新条例于 2015 年 1 月 1 日生效。
2. 取决于活动/经费项目。
3. 也取决于反应堆和特定阶段。

3.4.3 ISDC 估算中的不确定性

尽管通过 ISDC 推广和应用，国际上对使用 ISDC 估算退役费用的接受程度普遍有所提高，但显然在处理经费估算之间的不确定性方面并未统一，依然存在不同估算结构之间的转化和比较问题。

ISDC 提出了一种确定性成本估算的通用格式。ISDC 方法的不确定性主要是通过将不可预见费用作为经费估算的一部分来解决的。ISDC 使用的不可预见费用的定义是“在规定的项目范围内对不可预知因素的具体规定”。此外，还将费用估算应如何在不可预见准备金中进行体现给予了指导，以应对在确定的项目范围内合理预估将要实施活动的不确定性。ISDC 未解决将不确定性包含在成本估算中的概率方法。

该定义将不可预见性限定在项目范围内的费用因素中。因费用通常首先是根据标准条件和活动的预期效果开展估算，所以权重因子可确保估算更为实际。应当指出的是，在核设施的剩余运行期限内，不可预见费用不考虑价格上涨和通货膨胀的影响。

3.4.4　考虑范围外因素的风险评估

风险分析是应对经费估算中项目范围之外风险的一种方法。系统地识别可能导致费用增加或降低的风险，并将影响因素纳入经费估算过程，是风险分析应完成的工作。

风险分析可以是定性的，也可以是定量的。无论哪种情况，均是使用自上而下或自下而上的流程以及经验反馈识别风险和挑战，并改进退役计划。例如，风险识别表由技术专家编制，对风险进行了分级（高、中或低），并确定应对措施。风险识别表将作为开放文档进行维护，并在退役项目实施过程中以及项目期间每当发生更改或出现新情况时，定期进行更新。必要时可重新评估风险等级（低、中、高），并根据所采取的应对方案进行调整。在定量风险分析中，详细的概率模拟（例如蒙特卡罗）是补充定性研究的方法。

3.4.5　不确定性应对措施

NEA 退役经费估算小组（DCEG）第一次会议（德国 Krefeld，2008 年 5 月），包括“退役经费估算中的风险和不确定性”专题会议。该专题会议讨论了退役项目计划内的不预见性和计划外的不确定性问题，并讨论了风险管理工具的使用等。

2013 年，DCEG 举办了一次关于退役经费估算中的风险和不确定性的专题会议。DCEG 会议商定，应考虑在与 IAEA 合作的基础上开展进一步的工作，以便更好地理解如何在退役经费估算中处理不确定性问题。随后，IAEA 和 NEA 认识到应对退役经费估算中的不确定性和风险的处理提供更具体的指导。为此，在 ISDC 现有指导的基础上，启动了一个联合研究项目以期解决该类具体问题。该项工作于 2014 年开始，计划在 2016 年底完成。其目的是提出一份全新的关于退役经费估算不确定性的报告。报告通过对不同方法的描述，阐述不可预见性和风险分析，建议按照 ISDC 方式，以一种非常规的方式提出风险分析结果，同时附上良好实践案例；报告还将介绍在不可预见性和风险分析方面的经验及其在退役经费估算中的处理方法，以及介绍对项目参与成员国、实际项目费用和时间表的影响；报告同时还将讨论退役经费估算中的不确定性和风险对资金筹措的影响，但本项目不对该项内容进行讨论。

3.5 案例研究

除了提供详细的问卷调查答复和使用 ISDC 模式核算的退役工程实际的费用或估算费用外，NEA 退役经费特设专家组（COSTSDEC）的成员还被要求提供更具体的退役策略和退役方面的工程资料：案例研究。

COSTSDEC 提供了 6 个案例研究，分别是：

（1）芬兰：Loviisa 核电厂，拥有两台正在运行的双堆布置的 VVER 440 型机组。

（2）荷兰：Dodewaard 核电厂，拥有一台 55 MW 的沸水堆，于 1997 年停堆。

（3）斯洛伐克：Bohunice V-1 核电厂，拥有两台双堆布置的 VVER 440 型机组，分别于 2006 年和 2008 年停堆。

（4）西班牙：José Cabrera 核电厂，拥有一台 160 MW 的压水堆，于 2006 年停堆并开始退役。

（5）瑞士：采取国家负责退役的方式，涵盖了所有运行核电厂，但对 1 000 MW 压水堆会关注更多细节。

（6）英国：由核退役管理局（NDA）代表国家负责 Magnox 板块的退役。

案例研究主要提供以下信息：

① 退役活动的范围和边界条件，国家和/或项目的具体情况（国家退役政策和策略，项目管理，废物管理等）；

② 费用组成结构和估算以及随时间变化（更新）；

③ 影响费用估算的主要因素；

④ 费用估算的不确定性；

⑤ 经验反馈。

本书的编制过程中充分吸收借鉴了案例研究的资料和成果，如 3.3 节估算数据分析以及 3.6 节退役经费估算的更新。

3.6　退役经费估算的更新

3.5 节案例研究中的 6 个实例还提供了一些关于退役经费估算更新的定量信息。主要可以把这些案例分为两类，一类是立即拆除（芬兰 Loviisa 核电厂以及瑞士的所有核电厂），另一类是延缓拆除（英国 NDA 负责的 Magnox 板块）。下面重点介绍退役经费估算定期修正和更新的方式，以及其趋势和原因。

（1）芬兰

对于 Loviisa 核电厂，从 1983 年开始，退役经费估算每 5～6 年修正一次。最近一次更新是在 2012 年。表 3.16 所列的总费用考虑了不确定性的情况（不确定度按 10%估算）。2012 年进行估算的方法是基于工资（50%）和建造费用（50%）的综合指数。

表 3.16　芬兰 Loviisa 核电厂 1987—2012 年退役经费估算

年度	未考虑不确定情况/2012 年欧元	考虑了不确定情况/2012 年欧元
1987	EUR 278 793 k	EUR 306 672 k
1993	EUR 261 752 k	EUR 287 928 k
1998	EUR 258 801 k	EUR 284 681 k
2003	EUR 263 131 k	EUR 289 444 k
2008	EUR 312 424 k	EUR 343 666 k
2012	EUR 326 437 k	EUR 359 081 k

来源：芬兰案例研究。

首先，费用估算值有一个微小的下降，紧接着是2003年和2008年约20%的增长，随后2012年有一个小的增长。

1993—1998年考虑将核电厂的运行寿期从30年增加至45年的决定未对退役经费估算产生大的影响。2003年退役经费估算中将运行寿期进一步增加到了50年。2000年底由于无限制解控限值的修改（从10 KBq/kg降至0.1 KBq/kg）使2008年费用估算结果发生了较大变化，拆除和废物管理的费用估算值增加。2012年费用估算值增加主要是由于废物处置库的扩展（拟将厂址运行废物库变为低、中放废物最终处置库，包括用于处置去污后的主设备），费用估算值更新中考虑了挖掘扩展（运行）废物库的实际费用。

（2）瑞士

瑞士每5年对核设施退役、拆除以及这些活动所产生废物处置费用的估算进行一次修正。退役和废物处置基金的缴款计算基于每五年对退役和废物处置费用的综合估算。

随着退役和废物处置费用研究的更新，运行阶段末期（仍处于运行许可证下）的费用被重新评估；这些费用由运营者通过为此预留的准备金直接支付。费用估算的基础是假定核电厂的运行寿期为50年。

核能法和核能条例要求定期更新核设施退役计划（10年周期），并且根据需要考虑设施的修改、法规的变化和技术的发展。《退役和废物管理基金条例》要求定期更新退役成本估算（5年周期），考虑与计算相关的不确定性，并尽可能使用现有的科学技术知识，并以计算时适用的成本/价格为基础。为了便于比较，根据《基金条例》，成本/价格以每年3%的通货膨胀率递增。核电厂运营者根据退役计划，对其设施进行详细的退役研究。

退役费用研究的最后一次全面修订是在2001年。这项研究在2006年进行了更新，但没有重新计算。考虑到德国正在进行的退役项目的知识和经验，以及瑞士目前的情况，瑞士核电要求NIS工程集团为瑞士核电厂和临时贮存设施开展新的退役研究。

表3.17将2011年退役费用估计结果与2006年更新的2001年估算结果进行了比较。为了便于直接比较，2006年的估计费用是根据2006年的价格基础预测到2011年的价格基础，采用的通货膨胀率为每年3%，这一通货膨胀率在《基金条例》中规定，并在准备金模型中加以考虑。这些研究在2011年进行了

修订。2012 年，监管机构从技术和财务角度审查并批准了退役计划。退役研究新的修订将于 2016 年底提交。

瑞士核电厂在运营后期的费用估算（百万瑞士法郎）在最近两次估算（2006 年和 2011 年，均以 2011 年数值给出）之间的变化如下（表 3.17）。

表 3.17　以百万瑞士法郎为单位的运营后期费用估算的变化

运营后期费用	PWR1	BWR1	PWR2	BWR2	总金额
费用研究 2011 年，价格基于 2011 年	475	319	455	460	1 709
费用研究 2006 年，价格基于 2011 年	462	250	481	486	1 678
绝对差	13	69	– 26	– 26	31
差/%	3%	28%	– 5%	– 5%	2%

资料来源：瑞士案例研究。

表 3.18 给出了 2006—2011 年不同瑞士核电厂“退役”阶段的成本估算变化（百万瑞士法郎）。

表 3.18　以百万瑞士法郎计的“退役阶段”费用估算的变化

退役费用	PWR1	BWR1	PWR2	BWR2	临时高、中、低水平放射性废物贮存	总金额
费用研究 2011，价格基于 2011	809	487	663	920	95	2974
费用研究 2006，价格基于 2011	631	440	605	835	31	2541
绝对差	178	47	59	86	64	433
差/%	28%	11%	10%	10%	204%	17%

资料来源：瑞士案例研究。

扣除通胀因素，2011 年全球退役成本比 2001 年的研究（包括 2006 年的更新）高出约 17%。费用增加的一个重要原因是拆除期间继续需要的操作活动（即拆除期间的操作），根据正在进行的退役研究的资料，操作活动的范围和持续时间已经扩大。PWR1 费用的增加主要是由于在同一厂址两个反应堆机组的顺序拆除。对集中临时废物处理和贮存设施的新的退役研究中首次采用与核电厂退役研究相同的基础。这意味着很难比较 2006 年和 2011 年对集中临时废物处理和贮存设施的研究，但这也是由于 Zwilag 的一个重要成本要素（拆除期间的操作）被划归到退役费用而不是废物处置费用。

根据 2001/2006 年和 2011 年费用组成结构的变化，给出了以百万瑞士法郎和百分比表示的 PWR2 估算费用的详细比较（见表 3.19）。

表 3.19　费用估算变化（百万瑞士法郎和%）

核电厂退役费用研究 2001，2006 年更新			核电厂退役费用研究 2011			增量	
工作包（work package）费用研究/价格基础	A 06/2011* 百万瑞士法郎	B（A/TotalA）	工作包（work package）	C 11/2011 百万瑞士法郎	D（C/TotalC）**	E（C－A）百万瑞士法郎	F（E/A）每个工作包
计划和准备文件	25.6	4%	退役工程和指令	21.3	3%	－8.2	－28%
审查和许可	3.9	1%					
准备拆除核电厂	41.8	7%	准备措施	44.0	7%	2.2	5%
拆除污染的部件	30.6	5%	拆除控制区的设施	24.2	4%	－6.4	－21%
拆除活化部件（压力容器和其内部构件）	34.3	6%	拆除压力容器及其内部构件	39.5	6%	5.2	15%
拆除生物屏蔽	1.8	0%**	拆除生物屏蔽和干井部件	3.9	1%	2.1	115%
拆除剩余部件	8.9	1%	继续拆除控制区的设施	12.9	2%	4.0	45%
厂房去污和厂房表面解控	40.3	7%	去污和厂房解控	36.9	6%	–3.4	–8%
去污	***	***					
辐射和工作人员防护	***	***					
整备和处置	111.1	18%	物料处理和处置	112.8	17%	1.7	2%
清空厂房并拆毁	108.0	18%	拆除常规区域设施和拆毁常规区域厂房	52.8	8%	–55.2	–51%
监管机构对工程的监测	198.3	33%	拆除过程中的操作	314.9	47%	116.6	59%

续表

核电厂退役费用研究 2001，2006 年更新			核电厂退役费用研究 2011			增量	
工作包（work package）费用研究/价格基础	A 06/2011* 百万瑞士法郎	B（A/TotalA）	工作包（work package）	C 11/2011 百万瑞士法郎	D（C/TotalC）**	E（C－A）百万瑞士法郎	F（E/A）每个工作包
施工厂址操作和财产保护；工程和施工管理	198.3	33%	拆除过程中的操作	314.9	47%	116.6	59%
总数	604.6	100%		663.1	100%	58.5	10%

注：

*：根据《基金条例》的 3%/年增加。

**：0%表示该值小于 0.5%。

***：这两个工作包的费用已在其他工作包中分配，用于 2011 年的计算。为了便于与 2006 年的数值进行比较，这些数值也根据表 3.20 进行了重新分配。

表 3.20 费用随时间的重新分配

工作包	［百万瑞士法郎 1/2001 年］－2006 年	分配百分比
去污	39.87	
核电厂准备拆除	5.65	14%
受污染部件拆除	1.77	4%
活化部件拆除（反应堆压力容器及其内部构件）	0.62	2%
拆除生物屏蔽和干井部件	0.09	0%
拆除剩余部件	0.68	2%
厂房去污和厂房表面解控		0%
整备和处置	22.20	56%
施工厂址操作和财务防护；工程和施工管理	8.87	22%
辐射和工作人员防护	34.87	
核电厂准备拆除		0%
受污染部件拆除	3.03	9%
活化部件拆除（反应堆压力容器及其内部构件）	1.27	4%
拆除生物屏蔽和干井部件	0.16	0%
拆除剩余部件	0.38	1%
厂房去污和厂房表面解控	2.92	8%

续表

工作包	［百万瑞士法郎 1/2001 年］–2006 年	分配百分比
整备和处置	8.70	25%
施工厂址操作和财务防护；工程和施工管理	18.41	53%

资料来源：瑞士案例研究。

尽管 2006—2011 年，PWR2 总体费用估算的差异仅为 10%，但个人工作包水平的差异却大得多，有些是正向的，有些是负向的。

工作包“准备措施”的较高费用是由于对所需人力进行了重新评估（几乎是原来的三倍）。工作包“拆卸反应堆压力容器内部构件和反应堆压力容器”和“拆卸生物屏蔽”的费用较高，是因为对所需人力和所用工具的费用进行了重新评估。工作包“继续拆除控制区设施”的成本较高，一方面是因为将拆除工作从工作包“拆除控制区的设施”转移到本工作包中，另一方面是因为重新评估了所涉及的工作。这两个工作包的总费用略低于 2006 年研究的总成本（A 栏）。在工作包之间调整了具体工作内容是因为考虑了新的拆卸时间顺序。在目前的退役研究中，拆除活化部件（反应堆压力容器内部构件、反应堆压力容器、生物屏障等）的时间次序，早于在 2006 年研究中的时间次序。因此，受污染部件的拆除排在稍后的位置，并在工作包“继续拆除控制区设施”中予以考虑。较高的处置库费用对工作包“材料处理和处置”有影响。

2011 年研究的总费用仍比 2006 年研究的通货膨胀调整后的费用高 10%左右，这主要是由于工作包“拆卸过程中的操作”费用较高，该工作包包括了确保施工现场操作的所有措施。

（3）英国

Magnox 厂址目前的时间表考虑了自 2005 年以来 NDA 运营的前五年的经验教训。2011 年，为 10 个 Magnox 厂址起草了 C&M 的修订时间表，这被称为 Magnox 优化的退役计划（MODP）。MODP 将 13 亿多英镑的费用削减引入 Magnox 寿期计划，并将 10 个 Magnox 厂址进入 C&M 所需的总时间缩短了 34 年。

MODP 的好处是通过将新的技术解决方案及不同的工作安排与策略方案的引入相结合而实现的，此外还延长了厂址 Wylfa 的运行寿期。除了主要的时间表和策略变化之外，还引入了 C&M 枢纽，进一步降低了约 5 亿英镑的寿期计划费用。在主要的大项变化之下，每个项目都有一个范围、时间表和费用来支撑 MODP。这些变化催生更有效地完成工作的时间表，提前了 Bradwell 和 Trawsfynydd 进入 C&M 日期，并推进了其他 Magnox 厂址的退役工作。下面的图 3.4 给出了总费用估算（寿期计划成熟度曲线）随时间的演变。

2005 年，提交的第一套综合计划分为两部分：近期工作计划（NTWP）包括近三年的更详细信息，寿期基线包括剩余的寿期费用。

自 2005 年 NDA 接管 Magnox 厂址以来，厂址许可证持证公司每年都要提交一份寿期计划。图 3.4 展示了按 Magnox 有限公司提交年份划分的寿期计划成熟度曲线，并涵盖了导致寿期计划费用变化的关键事件。关键事件的细节概述如下。

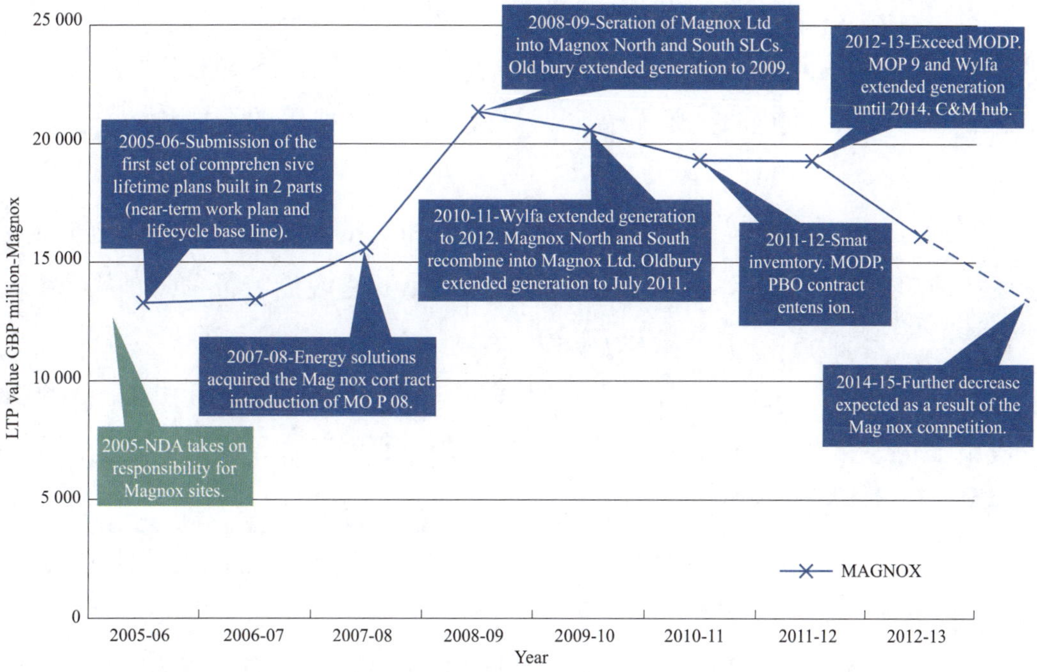

图 3.4 总费用估算的演变（寿期计划成熟度曲线）

Energy Solutions 公司在 2007 年获得了 Magnox 的合同。2007/08 年度增长的主要原因是修订 Magnox 运营计划（MOP 8）的影响，延长了 Magnox 卸料的时间框架，从而增加了进入 C&M 的总体时间表。因此，修订后的运营计划（MOP 8）影响了大部分 Magnox 厂址的退役和治理责任。此外，将 Magnox 北方和南方作为两个独立的 SLCs 引入，导致支持和间接费用向两个集中职能的转移，尽管提高了一些效率，但需要额外的资源向两个独立的机构提供分散的技术支持。

寿期计划的费用在 2008/09 年达到峰值，以涵盖 Oldbury 延长运行寿期以及由于纳入 MOP 8 导致的全部变化。除此之外，近期对较高危害的关注降低了一些厂址的年度支出水平，并因此将退役支出推迟到以后几年。这增加了寿期费用，因为厂址支持支出（间接费用）必须维持更长时间。2008 年，Magnox 的 SLC 的最终厂址清理费用（包括拆除反应堆和场地治理）没有得到充分的编制和支持，无法纳入 2007/2008 年度账目。由于 2008/2009 年期间的改造工作和审查，重新调整最终场地清理和维护费用的相关费用被确定为大约 10 亿英镑。

2010 年，Magnox 北方和南方重组成立 Magnox 有限公司，降低了成本，尤其是间接费用和支持领域的费用。MODP 基线变化已实施数月。此时，Oldbury 和 Wylfa 都延长了运行寿期，导致早期运行费用的增加和随后阶段的重新安排。

2011 年，“SMART”清单展示了成熟程度和对整个范围的理解。这是对现场废物清单的系统审查，获得了更准确的废物量和更多的特征信息，从而缩减了计划的这一部分。

从 2012/13 年开始，Wylfa 运行寿期的进一步延长产生了额外成本，而 C&M 阶段用于管理和维护这些厂址的集中“枢纽”让成本降低，两者之间的平衡使曲线发生了进一步的变化。

一旦 Magnox 竞争产生的优选投标人获得了 Magnox 合同，预计 Magnox 基准估算值将进一步下降。

总之，2009—2010 年，Magnox 的降低寿期计划值呈下降趋势，一旦退役计划达到成熟水平，并且 Magnox 对整个范围有了全面的了解。MODP 的实施是一个贡献，通过引导和学习吸取了实际经验，并从以系统的方式处理多个厂址的退役信息中获益。

在这三个与费用估算的演变和及时修订相关的案例研究中，可以得出以下建议：

① 退役经费估算的修订和更新应定期进行。五年是首选周期。如果范围、持续时间、退役流程发生重大变化，或者监管基础发生变化（例如，解控水平发生变化），可以进行特殊修订。在英国，自 2005 年成立 NDA 作为负责机构以来，每年都根据退役方法的重大变化、引导和学习过程的经验反馈，以及从多个厂址的退役信息中的受益，对估算进行修订。

② 整合现有最新的知识以及正在进行和最终完成的退役项目的经验反馈，非常有助于改进费用估算，并加强“最佳估算”费用的有效性（“最佳估算”费用定义为：基于详细的技术和科学的概念，并根据现有最新知识和明确活动规划的费用）。

③ 只有在范围、持续时间和流程保持一致的情况下，才能对连续费用估算之间的差异进行比较和解释。费用结构和分配的变化会使比较变得尤其困难。当然，只有当费用都以同一参考年的货币价值表示时，比较才有可能。即比较时，必须清楚地解释说明用于进行费用和价格转换的方法。

④ 瑞士的经验表明，只要规划得到优化，并且吸取了经验和教训，瑞士核电厂退役的总成本是可以保持的。因此，与国际退役项目相比，每个案例确定的总成本都在预期范围之内。与费用研究相比，预计实际退役费用将在常规工业费用范围的–15%～+30%。这种精确度足以满足当前的规划状态。

⑤ 根据随后对《瑞士核设施退役和废物管理基金条例》的修订，在确定未来退役和废物管理基金的拨款时，应考虑到总退役费用的 30%作为意外开支。

⑥ 在为同类核电厂制订退役计划的情况下，例如英国 Magnox，总体管理结构的变化，（特别是对资源使用的规划和共享，尤其是管理费用），可能会极大地影响总体费用估算。

3.7 经验教训和潜在挑战

本节总结了从不同国家的经验中吸取的一些教训，既包括它们对影响退役费用的因素的理解，也包括已确定的良好实践和优化流程。对于未来的退役项目，通过对费用计算的定期审查，已经确定了面临的一些挑战。

3.7.1 资源需求和管理

（1）退役，因为工业项目都有预算和时间限制。因此，健全和专业的项目管理是必要的。详细规划及其持续监控是预测偏差和及时制定纠正措施的基础。由于适用于退役项目的执行时间很长，需要组织和实现的任务很多，并且不确定性会影响退役过程，因此项目管理必须是动态和灵活的。没有这一点可能会导致成本增加。

（2）退役是一个劳动密集型过程，劳动力成本在退役成本中占主导地位。选择合适的人力策略可能是一个关键的差异点（例如，使用专业承包商还是现有员工）。估算不同任务所需劳动力，以及退役工程的总持续时间，对费用估算至关重要，主要的不确定性与此评估有关。如果在同一个厂址既有运行反应堆也有退役的反应堆，可能会产生额外的挑战。

（3）主要挑战之一是解决人员必要的转型：从一个为支持核电厂安全运行而创建的组织，转变为一个更加以项目为导向、侧重于核设施安全拆除的组织。在很大程度上，这两个非常不同的任务所需的人数和技能各不相同，过渡组织的活动必须在严格的监管要求下和相对较短的时间内进行。过渡时期的人力资源进程需要经过深思熟虑再付诸实施。

（4）与参与退役活动的供应商和承包商的表现有关的几个问题会对时间表和费用产生相当大的影响：

① 对于可能不熟悉核产业工作或核标准的承包商来说，可能会出现问题，例如，在准备合适的文件时，现场组织需要补充控制和支持。

② 同时工作的不同承包商之间的干扰会导致退役活动中断。

③ 与运行或新建核电厂的共用场地的接口和物流管理是关键。

（5）项目执行过程中管理发生变更，对活动延期和费用上升方面的影响非常显著。

（6）对退役进度表执行的监督对于项目费用控制至关重要，因为项目费用控制对方案延期非常敏感。

3.7.2 污染特性鉴定和废物清单

（1）用以准确确定适宜不同废物处置路线的废物数量所需的特性鉴

定的范围是一个重要的成本因素。准确的特性鉴定是实现可靠费用估算的核心。

（2）反应堆和辅助厂房以及核电厂二次侧的污染量可能是一个很大的不确定因素。

（3）厂址修复活动的不确定性源于：污染程度的增加可能导致拆除过程中废物量和人力需求的增加、总体进度的潜在延期以及费用的上升。

（4）重要的是，废物清单本身也取决于具体情况下的清理水平和解控标准。更严格的监管要求会导致更多的废物被当作放射性废物来处理和管理。无限制解控监管限值的变化对费用估算随时间的演变产生影响。这可能与延缓退役的预期收益相矛盾。超出严格的监管限值，在某些情况下，废料行业不准备接收已解控的材料，即使低于无限制解控限值。这导致了比严格要求更昂贵的废物管理过程。

3.7.3　废物管理

（1）明确的废物管理路线对于退役计划以及费用估算和控制来说是一大优势。实际经验以及成本预测表明，废物管理费用对所选择或假设的管理策略和解决方案及其相关费用非常敏感。此外，废物管理路线的可获得性甚至可以决定反应堆的退役策略。

（2）确定的废物管理路线的可用性也很重要，因为临时贮存的成本会随着时间的推移而增加。此外，在没有处置设施的情况下，退役废物的最终处置成本仍然不确定。

（3）事实上，低、中水平放射性废物（LILW）处置设施由核电厂运营商拥有和运营，这使从拆除工程到最终处置的整个废物管理路线的优化成为可能。

（4）虽然乏燃料管理费用不包括在本分析中，但乏燃料管理路线的及时可用性对退役策略、顺序、时间以及费用的选择也至关重要。与 SNF 处置设施的部署和不断变化的监管环境相关的未知因素增加了退役的不确定性。在一些情况下，扩大 SNF/高放射性废物现场贮存已成为现实情况，新出现的问题与老化管理和贮存罐再许可有关。

3.7.4 政策和监管框架

（1）政策和监管框架不明确和/或变化导致退役活动的开展和相关费用不确定。

（2）在运行阶段适用的监管机构的安全要求可能在退役期间仍然有效，即使在卸出燃料后，相关的危险和风险可能在规模和性质上发生变化。这些监管要求在退役活动中的应用可能会影响相关的成本估算。

（3）在退役工作已经完成且废物已经处置之后，目前在证明符合许可解控标准（许可证终止）方面的经验有限。因此，这些费用估算存在固有的不确定性。

3.7.5 操作的执行

（1）退役前的活动也可能是外部影响的根源。例如，卸料延迟和延期可能会显著影响时间表，进而影响退役费用，因为在此期间能够完成的工作有限。

（2）费用估算基于假设和方法，这些假设和方法可以根据其他正在进行的退役项目的经验及时采用，并对费用产生重大影响。准备工作的缺乏会导致费用因素的意外增加。

（3）第一次开展的技术活动可能是一项非常具有挑战性的工作，需要付出巨大努力，远远超过最初的估计，可能会导致时间延长、辐射水平显著增加。

（4）从技术角度来看，堆内构件和反应堆容器的分割是一项具有挑战性的工作。它涉及几个不同性质的学科，如工程、健康物理学、切割技术、放射性废物管理等，需要多学科的方法。这些复杂的操作是项目关键路径的一部分，需要详尽的计划和控制来防止延迟和成本偏差。

（5）对安全关闭的准备可能会在选择拆除的系统、选择不保留任何功能、只有设施的某些部分停止使用等方面遇到更大的挑战。由于（电气和管道）交叉连接众多，这种操作可能非常复杂和耗时。

3.7.6 加深理解

（1）目前正在进行的退役项目往往缺乏经验。基于未来更丰富的经验，在某些领域存在优化的可能性，例如材料处理和处置（熔化和包装）、使用替代系统（维护和修理措施）和拆卸活动的时间规划（时间优化）。

（2）此外，费用计算的新方法（一些费用要素的更完整建模）也可能是估算值增加的原因。

3.7.7 影响费用的一些附加因素

（1）利益相关者问题：与利益相关者的早期和持续互动将促进退役。然而，它也可能影响费用，因为有必要涵盖一些在费用估算时没有考虑到的特定期望/利益。对利益相关者观点的良好和早期理解，以及对退役项目的目标和范围的适当解释，应能限制风险。

（2）板块效应：以下方法和实践可能有利于协调多机组或多厂地退役的被许可方（尤其是案例研究中出现的英国 NDA Magnox 板块）：

① 将支持活动的职能和资源进行集中可以减少管理费用/固定费用负担。

② 整个板块的资源规划可以通过系列效应进行策略优化，实现有效使用、培训和继任安排。随着活动从运行转移到退役阶段，分享最佳实践和传播经验教训将大有裨益。

③ 一种系统方法认识到不同厂址之间存在差异，但也认识到一些核心退役挑战在不同项目之间是常见的，可以实施类似的解决方案并具有解决优势。

3.8 结论

从调查问卷中收集足够的有用数据，以确保从已完成项目的实际数字和对未来项目的估算中对退役费用进行深入分析和评估是不可能的。在其他因素中，保密问题仍然存在，使得一些组织无法披露足够详细的经验和成本数据，尤其是当私营公司开发了专有技术或做法时。

不过，COSTSDEC 和 NEA 同意根据 ISDC 的类别汇总，公布在总体退役费用估计数据中主要费用类别的分布情况。这些分布分为两组，一组来自通过问卷收集的数据，另一组来自美国的 PNNL 研究。将美国的估计值转换为 ISDC 格式，以验证这种汇总过程在多大程度上允许两个数据集采用相同的方法。大多数 PNNL 的数据都是用同样的方法建立的成本估算，这导致了某种标准化，并解释了为什么美国的数据看起来更加一致。PNNL 数据还包含美国四个已完成的退役项目的实际成本数据。这些成本数据是可用的，且唯一源自实际已完成退役项目。在它们之间，成本数据也有很大的不同。

还对方法和假设的异同进行了一些分析，至少部分地解释了不同的退役费用数值产生的原因。由此，在影响退役成本估算的因素方面，可以得出一些教训和挑战。

参考文献

［1］International Atomic Energy Agency. Financial Aspects of Decommissioning, Report by an expert group: IAEA-TECDOC-1476[R]. Vienna, 2005.

［2］Organization for Economic Co-operation and Development. The Practice of Cost Estimation for Decommissioning of Nuclear Facilities: NEA No. 7237[R]. 2005.

［3］European Commission. International Atomic Energy Agency, Organization for Economic Co-operation and Development. A Proposed Standardised List of Items for Costing Purposes in the Decommissioning of Nuclear Installations [R]. 1999.

［4］OECD, NEA. International Structure for Decommissioning Costing (ISDC) of Nuclear Installations[M]. 2012.

第4章
退役经费的筹集与保障

4.1 概要

基于第三章内容，本章主要讨论核电厂退役经费提取和管理相关的财务问题。第一部分侧重于OECD成员国退役经费提取；第二部分着重于经费的管理和控制。

除特别说明外，本章中提供的针对特定国家/地区的信息，均来自NEA退役经费特设专家组（COSTSDEC）调查表反馈中的数据。在某些情况下，问卷调查还包含特定示例的更进一步信息。本章内容是基于欧洲委员会（EC）及其退役经费组（DFG）（EC，2013a，2013b，2009、2007）的工作和分析，并进行了补充和完善。

总之，是否有足够的退役经费，关系到当代人和子孙后代的安全与保护（NEA，2006年）。需要及时建立合理的财政准备金，以保证覆盖所有退役费用，并在确保环境保护的同时降低剩余的无资金负债和子孙后代负担的潜在风险。

当前，比较普遍且有效的要求是，许可证申请的早期应编制初步退役计划（IAEA，2014；NEA，2010）。因此，一开始考虑的关键问题中应包括为退役准备资金，以及与安全退役经费充足性和及时可用性相关的财务保障要求（IAEA，2014）。在一些国家，除非运营商已准备退役经费或有相应担保，否则应终止运营商继续运营（NEA，2012）。

大多数国家均需要依靠法律和/或监管框架来保障退役经费，并确保不挪作他用（NEA，2006）。为此，通常采取的措施如下：

（1）运行期间，放射性材料使用单位应缴纳退役费用，以确保最终关闭时有足够的资金来支付退役和废物管理费用。

（2）退役费用应与预期的使用寿命、确切退役时间及所选退役策略相匹配，以涵盖设施整个退役过程。

（3）应定期对资金进行管理和审查，以确保资金流同退役周期及成本保持一致。

（4）该项费用仅用于支付依据选定的退役策略实施退役产生的成本。

（5）若违反上述规定，可采取法律和行政手段作为补救措施强制执行有关要求。

相关内容将在本章后文深入讨论。

4.2 筹资机制

本节重点是退役经费的提取。首先，应该认识到，除了筹资机制和监管方面的差异之外，不同国家的筹资范围也可能有较大差异。例如，在某些情况下，有的经费旨在支付退役费用以及废物、乏燃料管理和处置的费用；而在另一些情况下，需要单独筹集资金来支付退役和废物活动的费用。除此之外，也存在其他特殊情况（Laraia，2012；IAEA，2005）。在某些情况下，可能需要为停止运行的所谓“遗留”设施做出特别的退役经费安排，该类设施在运行期间未考虑或准备充足的退役经费。此外，部分国家还为政府所有设施制定了专有融资方案。在该情况下，针对特定国家，可能同时存在着不止一种退役经费提取体系。准确了解需要涵盖的退役活动和相关资金需求，是分析特定国家或情况下的退役经费和融资措施的重要步骤。

4.2.1 退役经费的收取

4.2.1.1 责任主体

退役经费的收取方式在各国不尽相同。通常，核电厂用于退役的资金是从核电厂运行期间出售电力所获得的收入中划拨，或者是从全部售电征税收入中拨出。运营商也可以从提供的其他商品和服务获得的净利润中征收（NEA，2006）。在某些情况下，对于具有多个机组的核电厂，可能会在整个厂址范围内组织筹集资金；或者，如果运营商拥有多个厂址，则可能会以“队列”（fleet）为基础进行筹集资金。在其他情况下，一个机组的退役经费不能转移到其他机组。在使用“队列”概念的情况下，因提前关闭引发的退役活动的增加，会带来资金不足的潜在问题（IAEA，2005 年）。

在比利时、加拿大、捷克、芬兰、法国、韩国、荷兰、斯洛伐克、西班牙、瑞典、瑞士和美国，核设施运营商负责支付所有退役费用。

斯洛伐克要求核电厂的运营商向国家核资金缴费，以用于将来的退役活动；在此之前，还需对电价普遍征税。此外，欧盟（EU）建立了 Bohunice 国际退役支持基金（BIDSF），为特定的退役活动提供资金支持，以期减轻 Bohunice 核电厂（1 号和 2 号机组）提前关闭带来负面经济影响，作为斯洛伐克加入欧盟的一部分。

在意大利和英国还有两个运营商资助退役的例外情况。意大利有一项经费，运营商一直向该经费拨款，直到 1987 年。而后，退役费用则由意大利电力和天然气管理局（AEEG）管理的电力销售税支付。在英国，核退役管理局（NDA）负责的老旧核反应堆退役费用由政府承担；新反应堆退役费用由核负债基金（NLF）支付，该基金由核电厂运营商提供资金支持。

4.2.1.2　时间表

大多数情况下，经费在设施的整个预期寿命期内或者在短期内，以计算的退役成本为基础，逐年收取。如果能在短期内筹集资金，就可以降低计划外、提前关闭时的相关风险（如加拿大）。除了退役费用，如果经费还打算支付乏燃料管理费用，鉴于乏燃料是在运行期间不断产生的，则乏燃料组件管理和处置的收集期应贯穿于设施的整个寿命周期。问卷调查时，大多数国家表示，退役所需的资金总额必须“关闭时”使用，而另外一些国家的答复则选择的是“其他”，答复表明采取了不同的方法（见表 4.1）。每种选择都有各自的优缺点。一般而言，在整个预期寿命期内收取，将导致每年向经费转移的金额较低，如果在较短时期内或通过预付款收取款项，则会减少与设施提前关闭相关的风险

（IAEA，2005 年）。还有一种情况，可能会作为预付款在核设施运行前收取，即运营商需要提供退役资金才能获得运营许可证（Laraia，2012 年）。当然也可综合考虑。无论哪种情况，经费筹措机制旨在平衡可承受性与降低设施提前关闭或无准备金退役相关的风险之间的需求。

表 4.1　提供退役经费的时间

关闭	其他	不适用/无答复
比利时，加拿大，韩国，荷兰，斯洛伐克，西班牙，瑞典，瑞士，美国	芬兰，法国，意大利，英国	捷克

注：调查表提供了两种选择，“在设施调试的×年内”和“在设施关闭的×年内”，目前没有国家提出其他的选项。

芬兰经验表明，原则上整个运行期间应一直向废物基金支付足够的资金，用于放射性废物管理。其要求是，每年的资金目标应与上一年年底的评估负债相同。实际上，新核设施运行的前几年的资金目标可能低于评估的负债，五年内评估负债就可能会大幅增加。

法国明确，运营商应设立内部专用经费，通过设立单独账户专门管理相关资产。该资金用于核算今后与退役和废物管理相关的所有费用，并在核设施开始运行时设立。

荷兰表示，运营商必须有财务准备金来支付退役费用，并在开工建设前提供财务担保。但是，具体安排由运营商决定，且需要主管部门批准。

美国表示，运营商可以在设施关闭后将收益计入退役经费中。

4.2.1.3　经费收取和审查

经费估算是经费管理的一个重要部分（IAEA，2005）。估算是基于预期的退役成本及假设，包括随时间导致的成本增加、通货膨胀和累计资本的预期利率。此处讨论了与资金本身相关的内容，与退役成本和成本估算有关的内容，在第 3 章中做了详细讨论。

韩国表示，退役基金应作为准备金进行管理，每台机组的费用，均应由运营商在一个单独的账户内进行管理，以解决在需要时可能无法获得资金的问题。

各成员国表示，尽管具体审查机制因国家而不同，其频次也有所差别，但仍需要对退役经费估算进行审查（见表 4.2）。

表 4.2　退役经费估算审查机制

审查机制	国家
公用事业或退役实体	比利时、意大利、英国
公用事业/退役实体和政府或核监管机构	加拿大、芬兰*、法国、荷兰、西班牙
经费的管理机构，基于运营商估算	斯洛伐克、瑞士
国家核监管机构	瑞典、美国

* 在芬兰，政府部门负责将估算送交外部审查。

同样，所有成员国均表示，与评估的债务相比，还需要对财务资源进行审查，审查的频次和机制因国而异。财务资源审查的频次往往与退役经费估算的审查频次相同，但在一些国家，审查的间隔会缩短（比利时、捷克、芬兰和韩国），见表 4.3。

表 4.3　退役经费审查机制

频次	国家
每年	法国、意大利、西班牙、美国
每 2 年	韩国
每 3 年	比利时、瑞典
每 5 年	加拿大、捷克、瑞士
每 6 年	芬兰
其他*	英国

* 在英国，对于 NDA 债务，必要时会审查和更新计算退役负债的方法。但是，NDA 确实会评估退役成本，并根据通货膨胀的影响每年对退役成本进行更新。对于非 NDA 债务（即主要与 EDF 能源的现有反应堆组有关的债务），NDA 每年进行一次审核。此外，NDA 批准 EDF 能源每五年或在关闭电站的前三年提交退役计划，以较早者为准；批准每年提交的为期三年的近期工作计划。

芬兰和荷兰还未建立退役费用负债方法的外部审查机制。比利时、加拿大、捷克、法国、韩国、斯洛伐克、瑞典、瑞士、英国和美国均制定了审查机制，审查的频次和机制基本上与退役经费估算审查的频率和机制相同。在西班牙，由 Enresa 提出，并经工业、能源和旅游部批准，由负责跟踪经费业绩的官方机构（即审计法院）审查。

4.2.1.4 经费补给机制

各成员国均明确“电价中已包含”“强制性政府收费”以及“其他”方式是筹集资金补给退役费用的机制，除此之外并无更好的其他机制。还有一些国家多种手段同时使用。目前还无国家通过税收方式补给退役费用。

法国和意大利明确电价中包含了退役费用。法国退役费用收取比例由运营商决定，而意大利是由电力市场监管机构决定。

西班牙和瑞士则实行强制性政府收费。

斯洛伐克、瑞典和美国采取“电价中包含退役费用”和“强制性收费”两种机制。在斯洛伐克，年费由固定部分和浮动部分组成。固定费用是根据核电厂的装机容量计算获得的，而浮动费用是根据出售电力的年收入计算而来。此外，还对每销售 1 兆瓦的电力征收 3 欧元的特别税，以弥补退役资金的历史性缺口。以瑞典为例，运行中的反应堆退役费用收取的主要机制是按照每度电收费，具体金额因核电厂运营商而有所不同。对于瑞典核电厂运营商，其费用计算方法有所不同，每一家运营商所支付的总费用应足以支撑该运营商未来特定的退役需求。在瑞典，对于已关闭且不再发电的反应堆，由运营商对其剩余债务提供资金，所以还需要向运营商收取固定的年度费用。

比利时、捷克、芬兰、韩国和英国选择“其他”。在比利时，运营商必须确保可用于退役的财政资源充足，并在必要时向负责退役资金管理的法人实体（Synatom）支付附加的资金款项。捷克退役费用收取是基于放射性废物处置库管理局（RAWRA）的费用估算。在芬兰，运营商每年向国家核废物基金支付款项。在韩国，退役费用的收取规定由运营商制定，并在运营商自己的资产内进行管理。在英国，NDA 负责的老旧反应堆的退役资金源于政府，针对 NDA 厂址无专项退役资金。政府资金由仍在商运 NDA 设施的收入给予补充。然而，如果 EDF 能源是英国新核电厂的运营商，则由 EDF 能源提供单独退役经费，这是英国新的核电发展模式。

加拿大和荷兰“无具体要求”。加拿大所需退役经费是在设施的整个计划寿命期内每年缴纳费方式来收取；但也可以在较短的时间内集中收取，以降低设施提前关闭有关的资金不足的相关风险。在荷兰，许可证持有者原则上可以自由选择财务准备金的方式，获主管当局批准即可。

4.2.1.5 “净退役成本”之外的融资

为支付退役费用而收取的具体金额不仅受退役负债估算的影响，还受到投资策略和经费资产投资预期回报率的影响。因而平衡风险是必须的：付款人希望能获取足够的投资回报，以减少其支付额度，而经费管理者或监管方，可能需要采用收益率较低但有较高安全系数的投资策略。无论采取哪种管理方法，均需采用多种机制以应对各种风险，比如通货膨胀相关的错误假设、估计所需资金的折现率和回报率、经费所持资产贬值。其中一些风险将在第 4.3 节中进一步讨论，而具体的保障措施将在后文中介绍。

4.2.2 退役经费管理办法

任何退役经费的管理策略旨在与全部退役成本相匹配，并在国家机构的控制下确保其在需要时可用（欧盟，2013 年）。考虑到股票和债券市场投资的不可预测性，经费的安全保障尤为重要。不同的国家采用不同的管理策略，经费的所有权或管理权也可能有不同的归属。表 4.4 总结了退役经费的不同管理方式。

表 4.4　退役经费的管理

政府	公用事业/运营商*	其他机构	无特殊要求
芬兰	捷克、法国、韩国、西班牙	比利时、意大利、斯洛伐克、瑞典、瑞士、英国、美国	加拿大、荷兰

* 公用事业（向经费支付）和运营商（作为退役实施者，可以支付或仅执行）之间必须区分开。

在一些国家，许可证持有者/运营商可以提取和管理自有账户中的退役经费。在这种被称为经费内部管理或应计项目（见下文）的方法中，运营商对各自的投资和任何可能的损失负全责，且必须进行补偿（NEA，2006）。在其他国家，退役资金是通过运营商或电力市场系统筹集的，由独立的机构管理，称为外部管理或信托（见下文）。负责经费管理的组织需要以某种方式来管理和控制资产，以确保经费至少保持其价值，并且除了确定的目的之外，不会用做任何其他用途。就外部管理而言，需要在法律和监管框架内解决经费的损失赔偿问题（NEA，2006 年）。此外，还需要采取必要的措施来应对经费损失的风险，如许可证持有者破产。

两种管理方法有着相同的目标，即支付退役的预期费用，并在费用发生时获得可用资金。为了做到这一点，未来成本的估算应高度精准，并接受定期且频繁的审查。经费本身需要以该种方式进行管理，以保障经费的实际价值，不受高通货膨胀的影响。经费资产的管理可以委托银行或资产管理者进行投资。资产管理的选择包括投资国家货币债券、国际货币债券、国家股票和国际股票或投资房地产。然而，在特定情况下，可供选择的范围可能会受到国家或经费政策和/或经费投资战略的限制。

在一些国家，与退役经费的提取或使用有关的具体特征可能与实际退役无直接关系。例如，在比利时和芬兰，设施运营者可将缴纳的经费作为全额证券进行抵押，有权按照政府规定的固定利率，借出一定比例（最多 75%）的经费资本。该方式的引入可能引发竞争，尤其是在电力市场管制放松的地方，例如在欧盟内部。除此之外，在某些国家，国家可能也有权借用退役经费（IAEA，2005 年）。

退役经费有一系列具体的管理模式，且有不同的分类方式，下文讨论已确定的主要分类形式。一些国家可能存在不止一类。以下是基于运行的经费分类形式：

（1）作为外部独立经费运行；

（2）经费由公用事业/运营商在其自有资产范围内运行；

（3）经费由公用事业/运营商在独立账户或独立经费中运行。

除了上述模式之外，还有其他核电厂退役融资模式的案例，如政府直接融资，特别是对旧反应堆。

也可以使用其他分类，如欧盟的分类，如下：

（1）内部经费。

（2）外部经费：由公用事业/运营商在单独账户内管理；由不同的实体管理。

4.2.2.1 外部独立管理

在“外部独立管理模式”中，经费由一个专门的独立机构进行外部管理，该机构可以是私有实体，也可以是国有实体。所管理的经费可以是整个行业的集中经费，也可以是各个运营商的分散经费。有人认为，该模式的优势是可以增加透明度、加强破产保护，并提高公众对所需资金将在必要时到位的信心。

芬兰、斯洛伐克、西班牙、瑞典、瑞士和美国等国均有外部独立经费。瑞士的两个国家经费（一个用于退役，一个用于废物管理），每个经费均为独立法人，并接受瑞士联邦的监督。

4.2.2.2　公用事业/运营商作为自有资产管理

在“作为自有资产管理模式”中，经费在运营组织内部进行管理，在其账户内以准备金的形式存在。历史上，该模式在经合组织中比较常见（NEA，2006），但现在比较少出现。有人认为，该模式的优点在于可以灵活地获取资金，同时还能将技术和财务责任相结合。然而，也会引发人们的担忧，即在需要的时候资金可能无法及时到位。因而需要特殊的控制措施，来验证经费是否符合充足性、可用性、透明性的基本原则，并确保仅用于预期目的（Laraia，2012）。韩国表示，退役经费由公用事业/运营商在其自有资产中管理。

4.2.2.3　公用事业/运营商单列账户管理

在“内部独立账户经费模式”中，经费仍由内部管理，但与其他资产和负债分开核算。目的是提高经费的透明度，便于监督经费的使用。

该方法的衍生做法是，将经费从普通公用事业账户中分离出来。这将会带来一系列的不确定性，比较典型的做法是运营商向外部经费账户（银行或财政账户）付款，但必须遵守保护经费免受滥用和财务风险的具体规则。或者，运营商可以向外部独立的经费管理机构付款。分离的目的是限制获得资金的灵活性，并促进对资金使用的监督，从而进一步确保资金用于其预定用途。

捷克和法国均表示，退役经费由公用事业/运营商在一个单独的账户中管理。（对于捷克，“封存账户”可归类为内部管理的独立经费，所有资产都专门用于退役。）

4.2.2.4　政府资助

该模式下，国家为退役提供资金。由政府提供资金的模式较少，通常与早期核电厂有关。例如在欧盟内部、在能源生产部门内部，政府干预并为仍在运行的商业核电站退役提供资金是有问题的。英国表示，NDA 反应堆退役的退役资金主要来自政府直接资助。

4.2.2.5 政府直接资助外的其他情况

除英国外，比利时，意大利和荷兰在关于如何管理退役资金的答复中也选择的是“其他”一项。

（1）在比利时，资金由 Synatom 管理，Synatom 是一家管理燃料合同和退役经费的私有公司，完全归公用事业/运营商所有（拥有比利时国家的黄金份额）。

（2）在荷兰，许可证持有者原则上可以自由选择财务准备金的形式，但必须获得主管当局批准。主管当局评估财务准备金是否具有足够安全，以确保退役时能够支付退役费用。

（3）在加拿大，对资金的控制形式在很大程度上取决于公用事业公司自己的选择。加拿大核安全委员会（CNSC）作为加拿大核监管机构，财务保证金的管理，均应通过明确定义的和法律上可执行的方案来完成。所有方案形式应确保申请人或许可证持有者提供的资金或证券与其他资产分开，以保证为已批准的退役计划提供资金。

4.3 经费监管、保障措施和风险管理

可用于退役活动的财务资源水平，应覆盖经批准的退役计划中的所有相关活动。如果整个退役计划的各个方面由独立的、指定经费以外的资金（例如，来自公共资金）来覆盖，则需要按照法律规定的程序对资金进行确认。提前永久关闭的核电厂，或关闭核电厂之前未获得足够的资金来支付全部退役费用，则意味着退役活动的推迟，或者需要从其他渠道获得资金。

所有经费管理模式均面临一个共同的挑战，即由于过早关闭和退役、成本上升、资金不足、财务困难、运营公司破产或所有权变更等原因，导致无足够或可用的资金履行退役义务和支付退役成本。

近年，美国和欧洲的部分核设施因技术原因（设施性能不符合安全标准）、

运行原因（可靠性差）、财务原因（在竞争激烈的电力市场中运行核设施的经济性）或者政治原因（政府/议会启动核淘汰）而提前关闭。通常多个因素的叠加将导致提前关闭。无论如何，设施的提前关闭可能会中断退役经费的融资（IAEA，2005 年）。

核电厂延寿可能会影响经费收取时间表；长期的金融危机以及经费投资预期收益的变化，可能会影响资金的充足性或可用性。同时还可能存在政治风险，因为政府可能采取措施，允许将为未来退役收取的资金用于原计划以外的目的。另外，非法滥用资金也是一个不可小觑的因素。战争还可能导致资金全部损失（NEA，2006 年）。

针对内部准备金而言，特别是在未设立独立账户情况下，资金在需要时无法到位的风险可能更大，因而需要采取特殊保障措施，以确保资金仅用于预定用途（IAEA，2005 年）。针对筹资机制本身而言，也可能有相应的特殊风险。例如，当费用收取依赖于每家营运单位电力的收费制度时，收费水平和预计交付电力的预测函数，是影响运营商支付多少费用的决定因素。显然，在该情况下，如果实际电量与设定费用时预期的电量不同，则费用的收取会受到影响。如果核电机组长时间停运且未计入收费范围，则经费的收取有可能低于预期。

随着退役成本的增加或减少，退役负债本身也可能会波动。此外，支付流程需要对总体经济和经费业绩的变化做出反应。除了有足够的财政资源和仅限于预定目标的支出外，核设施退役经费的设计必须具有足够的灵活性，以便在需要时有足够的财务资金用于已批准的退役计划中的所有相关活动。如第 3 章所讨论的，随着核电设施的老化，退役成本对法规、废物处置政策、政治和工厂条件的变化尤为敏感。所有潜在的假设均可能成为风险因素。

退役经费方案虽然已经建立，但对于如何更好地保障资金免受风险、不确定性和未知因素的影响，还有待深入探讨（NEA，2008）。本节的重点是，从确保资金充足、可用的角度出发，对退役经费进行监督管理和保护，并执行可以避免、减少和解决风险的措施。

4.3.1　退役经费监管

核设施关闭后仍然存在的债务需要进行妥善的管理，尽管可能需要很长的时间，甚至可能超过100年。未来退役的项目，需要按照所选择的退役策略，根据退役负债及相关付款的具体时间表实施。重要的是，能够在整个周期内保证财务资源的安全管理，并确保资金符合退役债务及相关付款的时间周期。如前所述，资金的可用性是一项重要原则，即必须在适当的时间提供必要的资金。但又取决于经费的保值和增值，而所选择的投资策略、经费管理或通货膨胀率均会对增长产生较大不确定性的影响。此外，退役资金不可用于确定用途以外的任何其他用途，因为将资源转用于非预期用途将消耗可用于实际退役的资金量。此外，融资体系必须符合相关国家税法（NEA，2006年）。

经费管理应在资金积累、费用和财务管理方面对有关国家监管当局和其他利益相关方保持公开和透明。

国家立法和监管框架制定了严格的规则，以监督退役经费的提取比率和时间（IAEA，2005年）。在分阶段实施的退役项目管理中（关闭前的设计和计划、关闭后的项目启动以及完整的项目实施），规定了不同阶段的支出类型（在某些国家，在特定阶段从退役经费中提取的实际金额也可能有限制）。以确保在项目的每一阶段，对可提取经费的活动类型加以具体限制，并进行相应的监督。支出限额和资金的发放可以与项目的具体时间节点有关，在该情况下，需要有书面材料以支持资金的提取（IAEA，2005年）。图4.1示意性地显示了退役项目的各个阶段。

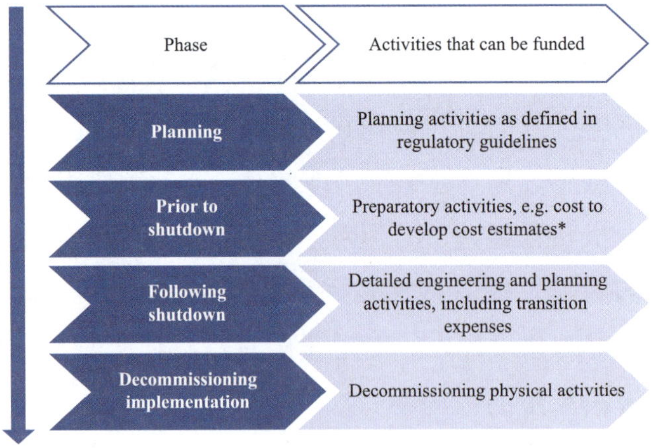

* 一般而言，该阶段不包括设施的物理变化、设备的拆除或拆除设备的购买。

图4.1 退役项目的各个阶段

针对外部账户或信托经费而言，偿还方式可能有较大区别，主要取决于退役责任的分配和经费提取的具体程序。在该情况下，鉴于资产和负债分别由两个独立的机构负责，应关注两者之间不匹配的风险，并进行管理。

经费筹资和运作方面的审查，各国有各国的制度。虽然细节差别很大，但无论哪种方案，都需要形成一个检查和评价系统，将权力和责任从与业务问题密切相关的方面区分开来，因为后者的监督通常更具技术性和专业性。出于政策考虑，通常由州政府或政府来承担该职责。

4.3.2　保护措施

退役经费不足或不可用时，资金缺口必须由其他来源的资金弥补。如前所述，在短于核电厂预期寿命的时期内筹集资金的机制，或者退役费用首付款作为运营商获取运营许可证条件的机制，均可以减少设施提前关闭带来的风险（IAEA，2005 年）。

通过延迟或延长退役来增加投资回报期和应计资金，进而改变退役策略，有时可以用来解决资金不足的问题。但令人担心是，低回报率情况下，该方法可能无效，而且为了保证安全，设施维护方面还可能会动用退役资金。

该类问题的解决方法之一，是通过早期规划替代融资系统（NEA，2006）。如果有保险或银行担保，可以覆盖一些意外情况。例如，通过明确连带责任，将支付额外缴款的义务施加给母公司，甚至其他经营者。但是，在某些国家或法律制度中，该做法可能会受到法律限制。

为规避私人机构破产带来的影响，经费未涵盖的负债，可以由运营者提供的债券来补充。将债券交给经费管理者或国家。核设施本身的抵押贷款不能作该用途，对可用证券还可增加其他方面的限制。通常，每种债券均必须由监管机构单独接管，或者遵守有关退役融资的法律或法规要求。

如果采用基于每家营运单位支付电力费用的筹资机制，经费的收入可能不足。为此，各国应采取措施，检查确定费用时所用电量的预测值与实际电量之间可能存在的差异。除此之外，还可以设定纠正措施，包括：追缴措施，如要求额外付款以弥补赤字，或增加下一个付款期的费用；在计算所需费用时，对所用电量预测值进行控制，例如通过使用独立、可信的来源生成的预测值，以减少使用追缴措施；在确定费用时，分析预测值与实际输送值之间的历史变化，以控制风险。

专门为几家核设施运营商设立独立的外部国家经费时，每家运营商可在经费中单设独立“账户”，并且国家主管部门会定期为每家账户规定明确经费额度。某些情况下，如果某一家运营商不再履行其缴纳经费的义务，国家可接管该运营商账户和相关证券，以保证所有经费可及时归还款项（IAEA，2005 年）。若可证明运营商确实无法继续缴纳经费，并且资产和担保资金不足，在该情况下，则先由国家，后由纳税人提供必要的资金。鉴于该情况的可能性，瑞典政府有权从 2008 年 1 月 1 日起，向核电公司收取该项风险的风险费，尽管迄今为止瑞典尚未行使该权力。

如果退役负债由政府直接出资，则资金可能会受到限制，因为政府对可用于退役活动的资金设置了年度数额或其他限制。如果因财务压力（破产、现金流不足或简单的拖欠）或缺乏法律依据而导致资金无法收取，则有必要对许可证持有者采取强制措施（IAEA，2005 年）。

核设施所有者或运营者的变更对退役资金的充足性构成潜在的风险，该情况有多种解决方法。有些国家表示将进行某种形式的评估：如比利时会视情况而定；在西班牙，新增核设施所有者必须提供足够的法律、技术和经济财务能力的证据方可开展活动；美国根据适用的联邦法规来审查许可证转让申请；芬兰、法国和瑞士表示，负债将转移给新的所有者或运营者，并承担所有未来负债的责任。斯洛伐克表示，退役经费专用于单个核设施，由国家单独管理，因此无论所有者/运营者发生任何变化，该经费都均可用于该设施退役。还有一些国家表示该情况不存在，因为该类设施是国有的（韩国）或国家控制的（捷克），或者该类设施已经移交给国家实体进行退役（意大利）。在英国，如果所有权（租赁或出售永久所有权）发生变化，财务责任将由商业合同约定。此外，2004 年《能源法》（英国政府，2004 年）限制了向第三方转移债务的范围。

4.3.3 风险管理

除了上述讨论的可能危及退役资金充足性和可用性的风险外，资金在投资过程中还面临着不同的金融风险，如通货膨胀风险、市场风险、累积资本的利率风险、信贷风险、流动性风险、货币风险和管理风险。所有的资本管理均会面对该类财务风险，因而稳定的经济环境是建立健全长期供资体系所必需的。退役成本和支付金额也经常变化，因此，针对设施退役制订的筹资计划必须具有适应性。

经费的增长取决于投资策略，即经费投资的积极性或保守性，决定了经费的投资收益。经费缴纳者希望获得最大的投资回报，以减少缴纳数量。政府倾向于保守的投资策略，以保护本金。为了实现预期，更倾向于低回报率投资。但为了实现经费的保值、增值，最佳业绩需要寻求二者之间的平衡，权衡投资资本的预期回报与为获得回报而承担的风险的可接受性（IAEA，2005 年）。通常该平衡确定了退役经费可投资的类型。为了安全起见，应优先选择低风险投资，同时不排除高风险投资，但应对风险点有所限制（欧盟，2013 年）。政府应确定风险可接受性限额（NEA，2006 年），及时将权限下放至具有资金监督权的国家机构。

在长周期投资期限内，因素考虑对投资观念的影响也是一个漫长的过程，投资收入具有可持续性，有时每座核设施均有单独的目标（IAEA，2005 年）。

明确的指导方针如下：

（1）仅允许低风险投资；

（2）禁止向与法定经费出资人相关的公司进行投资；

（3）禁止对已将大部分资产投资于核设施的公司进行投资；

（4）允许投资于国内或国际货币市场。

资产管理具有多样性。但是在特定情况下，可供选择的范围会受到国家或经费政策和/或经费投资战略的限制，例如：

（1）投资国家货币债券；

（2）投资国际货币债券；

（3）投资国家股票和国际股票（指数和活跃股票）；

（4）投资房地产。

正如欧盟 2013 年收到的一份信件所述，许多欧盟国家均要求将资金尽量投资于政府债券。然而，由于近期发生的金融市场事件对政府债券的绝对安全性提出了严重质疑。随着西班牙等几个国家对投资标准的修订，欧盟认为最好重新审视现有相关立法的隐含假设（欧盟，2013 年）。

在一些国家，对经费的流动性及对不良投资表现保障的担忧，已促使经费对低风险、低收益证券进行投资。因此国家对经费给予了优惠的税收政策，以抵消投资回报率低的影响。鉴于该类经费有资格获得税收优惠，通常被称为合格经费。投资于较高风险、较高回报率的证券（例如股票）可能会为经费带来更大的回报，未来运营商缴纳的费用也会减少，该类投资称为不合格经费。国家对不合格经费会征收税收较高税款。不合格经费的回报率很可能会高到足以超过税收的水平，且其税后收益仍然高于合格经费。在某些国家或某些条件下（如英国的新反应堆项目），退役经费的税务处理是制定退役经费收缴和/或管理战略的考虑关键因素之一。

如上所述，经费本身的管理可以委托不同的托管银行和资产管理人，负责经费的投资。通过定期提交特定投资委员会或外部专家报告，可以监测该类投资策略及对特定准则的遵守情况。

4.3.3.1 退役经费构成示例

经费资产构成策略的性质或相关政策有较大差异。调查过程中，有些答复者提供了现有要求的细节，或者适用的具体条例准则，而其他答复者则仅笼统地提到了经费本身的性质。具体特征包括：

（1）比利时：有关资金使用限制，最多可将75%的资金借给运营商，借出的具体金额取决于偿还能力和信用等级；必须有25%的资金投资于核电以外的项目，其中10%的资金用于投资特定的能源项目。

（2）加拿大：加拿大监管机构要求增加“限制获得或限制使用从经费或抵押中变现的资金”的条款。从经费中提取资金或从其他管理机构中提取资金，只能用于批准的事项。特别是只能用于支付已批准的退役活动的费用，或将多余款项退还许可证持有者。

（3）芬兰：许可证持有者有权向经费管理者申请贷款。一次贷款额度不得超过贷款人已确认资金持有量的75%。对于未借出的款项，国家也有权借用。经费管理者可以对剩余的资金进行投资。立法中未确定具体的资产构成策略。

（4）法国：就法国电力公司（EDF）而言，在运营商每年的实际出资额不变的前提下，资产构成计划需要与监管目标（在规定日期前为全部长期负债提供资金）相匹配。政府法令规定了可用于负债融资的资产类别，以及每种资产类别的最大权重。战略资产配置由 EDF 董事会确定。自 1999 年开始通过专用资产融资以来，EDF 一直保持债券和国际多元化股票之间的战略分配平衡。自 2010 年以来，EDF 增加了对实物资产的多元化投资，首先是在 2010 年底对 RTE（法国监管的电力运输网络运营商，EDF 的附属公司）一半的股权进行了分配，然后在 2012 年 11 月对将基础设施和房地产纳入其中的战略资产配置方案进行了审查。

（5）斯洛伐克：除了前面所述的固定费用和浮动费用外，国家核相关经费的资产还可能来自多种额外资源。包括：配电公司收取的电力销售税，以弥补历史亏空；核管局根据特别条例实施的罚款；欧盟和其他国际和金融机构的赠款和可能的捐款。

（6）西班牙：Enresa 作为放射性废物管理和退役实施的国家实体，也负责经费收取和管理。经费的财务管理通过投资法律规定的资产类别来实现，并受安全性、盈利性和流动性原则的限制。具体资产类别包括：固定和可变可转让证券、政府债券、抵押债券和其他金融资产和产品；作为金融投资组合的一部分，来自产品构成、转换或投资运营覆盖面的投资工具；金融机构存款、信贷和贷款；财产；外国证券；以及经费监控委员会认为适当的其他资产或投资工具。

（7）美国：《联邦法规》明确了指导原则，如采用“审慎的投资者”标准、禁止自我投资并限制外国投资。

（8）瑞士：表 4.5 列出了资产类别，目标权重是一个界限，旨在确保投资回报。

表 4.5　瑞士退役经费的资产类别

资产类别	政策	下限	上限
现金	0%	0%	5%
债券（瑞士法郎）	25%	15%	35%
债券外汇（对冲）	15%	10%	20%
股票	40%	30%	50%
房地产	10%	7%	13%
替代投资	10%	7%	13%
外币	48%	30%	70%

4.3.3.2 业绩审查和纠正示例

为了应对各种变化，经费的定期审查和纠正尤为重要。早期明确和收到费用，可充分利用剩余的运营期以实现投资增长。大多数国家均采用了该控制措施，定期对资金和捐款进行审查，并对费用估算数额开展审查（各国的安排各不相同，见第 4.2.1 节）。此外，如果出现新变化，或者因不可预见事情发生，预期费用会有重大变化，也可以根据需要进行专项审查。因金融市场的发展，累积资本偏离目标水平，年度缴费也可能改变（IAEA，2005 年）。

针对此情况，对累计资金进行年度审查以及由国家机构对成本估算进行审查显得尤为重要（欧盟，2013 年）。所有国家均表示，与分摊的负债相比，对财务资源进行审查的频次和机制因国家而异。尽管在某些国家/地区间隔时间较短（通常是每年一次）（比利时、捷克、芬兰和韩国），但通常倾向于与审核退役经费估算的频次相同（第 4.2.1 节）。

明确经费金额和退役负债之间的差额后，应立即确定要实施的纠正措施。比利时、捷克、法国、意大利、韩国和荷兰均表示，对外部退役经费来说，因其供资方案的特点，潜在的经费表现不佳对特定国家而言无特别影响。其他情况描述如下：

（1）加拿大：在某些情况下，可以使用政府担保（如联邦或省一级）来弥补外部经费的不良表现。

（2）芬兰：为支付不可预见的费用，政府可以决定额外担保，最高额度为总负债的 10%。

（3）斯洛伐克：如果在定期重新评估国家政策时发现资金存缺口，国家核相关经费可提高销售电力的固定金额和/或征税（可变金额）。斯洛伐克还要求欧盟延长现有的核退役援助计划，以弥补因政治原因导致设施提前关闭而造成的资金缺口。

（4）西班牙：MINETUR 跟踪与控制委员每季度审核一次经费绩效，该委员会可为更好的绩效表现提供建议和意见，还可以通过皇家法令立即采取纠正措施。

（5）美国：存在多种可能性，具体做法将取决于业绩不佳的具体情况。许可证持有者必须始终在信托中保持最低额度的资金。该资金的现金和非现金期权在《联邦法规》中有相关概述。

（6）英国：就 NLF 所涵盖的设施而言，解决资金缺口是经费受托人的责任，可能会对负债成本进行审查，以确定能否实现节余。如果是新建核电厂，其目的是确保该经费获得足够的资金，以保证在偿还债务期间出现的任何资金短缺均不会影响预期目标，并在整个投资周期内对经费的充足性进行审查。

（7）法国：经营者对其经费的不良表现负责，并需要在行政当局的监督下实施纠正措施。

纠正措施的时间安排通常与经费的定期审查以及有关国家建立的各种报告机制有关。但是，纠正措施开始实施的时间、措施的持续时间，各不相同。各国的答复差异很大，例如：

（1）芬兰：若缺口额度小，则每年通过公用事业的付款进行调整；若缺口较大，则应在五年内进行调整。

（2）法国：为了明确纠正措施的持续时间，行政当局应考虑经济和金融市场条件，一般不能超过三年。

（3）意大利：资金缺口一般都是通过提高电费征税来解决。在定期更新电费构成时，可每三个月进行一次此类调整。

（4）斯洛伐克：退役资金缺口是现实问题。为了解决该问题，政府对售电价格征收了特别税，以建立一个系统性的资金积累机制，弥补未来几年的退役资金缺口。

（5）瑞士：如果该资金的总价值连续两年低于参考值的 15%或更多，则退役和废物管理经费委员会将决定采取纠正措施，在合理的时间内缩小差距。

关于如何解决退役实施阶段经费可用资产价值短缺的具体情况，以及在该情况下由谁具体负责额外支付的问题，也均可找到类似的模式，具体如下：

（1）比利时、加拿大、芬兰、法国、韩国、荷兰和美国：运营商/许可证持有者通常有责任在退役实施阶段弥补该缺口。在加拿大，许可证持有者必须将资金短缺情况通知监管机构。政府（联邦政府或省级政府）明确的、所有无资金支持的退役，由国家监管机构接管。在荷兰，由政府兜底。

（2）意大利和斯洛伐克：通常是通过提高电费征税来解决资金不足问题。（在斯洛伐克，征税还覆盖了处于退役状态的核电厂退役经费历史欠账问题）。

（3）西班牙：在运营阶段，许可证持有者有责任随时支付规定的费用。在退役阶段不再付费。若退役阶段出现经费不足，则由退役许可证持有者，即Enresa全权负责征集资金。

（4）瑞士：《核能法》对额外收费做出了详细规定，明确表示该义务由运营商承担。

（5）英国：NDA债务主要由政府直接资助。对于NLF涵盖的设施，资金短缺最终将由英国纳税人来买单。就英国NLF而言，根据出售British Energy时达成的协议，除特殊原因外，未规定对当前运营商EDF Energy向经费管理者支付的款项进行调整。

（6）捷克：该情况不适用。

4.4 结论

通过调查得出如下结论：

（1）目前为核电退役提供资金的制度和做法旨在维护安全，不给子孙后代带来不必要的负担。

（2）核电厂退役融资的要求是根据国家法律体系（包括核监管机构的法规）正式制定的。在法律要求的细节方面，各国之间存在较大差异。多数情况下，现有体系的功能已经涵盖了先前发现的缺陷的解决方法，各国也提出了对体系进行审查的要求，以及对各相关方的要求。

（3）为退役费用提供资金的通常是核电厂运营者，提供的退役资金通常来自电力出售所获得的收入。具体的融资机制因国而异。一般模式之外还有一些特例，如一些老旧设施退役的融资安排，或因历史原因出现赤字的情况。

（4）退役成本估算的完整性和准确性是为未来退役建立充足资金的重要前提。

（5）确保在适当的时候提供必要的资金是退役融资体系的基石之一。因此，排查供资方案中的风险和不确定性，并采取适当纠正措施加以管理，是国家退役经费管理和监督的基本内容。尽管如此，退役融资方案可能仍易受到提前关闭或资金未能达到足以支付全部退役实际成本的融资水平的影响。

（6）各国已建立机制，定期审查负债估算的变化，资金和市场条件等的变化，以及退役时间安排，以减少退役资金不足的风险。各国制度的细节差别很大，既反映了当前的需要，也反映了制度的历史发展。

（7）从现有资料分析中，还未能得出关于目前退役融资安排是否充分的一般性结论。目前，因退役费用的可靠和可比较的信息量有限，审查退役资金安排的充分性比较困难。加强此类费用的透明度，并制定更好的方案来收集和共享此类信息，在将来会极大地促进此类评估。但是，很明显，本章中描述的融资、审查和监督机制依赖于各种功能的组合，旨在管理风险并确保退役资金的充足性。

国家审查和监督体系通常需要考虑许多重要因素，包括：

（1）经费积累到充足的时期；

（2）经费筹集期间通货膨胀率和上升率的变化；

（3）累积资金的利率变化；

（4）与经费增长和经费流动性相关的支出计划；

（5）设施提前关闭及因此导致收入减少的风险；

（6）未来负债估算与经费资产之间的关系；

（7）为应对负债估算增加、经费账户亏空、经费增长不足或退役活动和退役时间的变化等，所需要采取的措施；

（8）采取措施（包括法律补救措施）时要遵守的要求；

（9）对融资方案的定期审查和更新，以考虑到其他不断变化的情况和经验的积累。

参考文献

［1］OECD, NEA. International Structure for Decommissioning Costing(ISDC)of Nuclear Installations. 2012.

［2］European Commission, International Atomic Energy Agency, Organization for Economic Co-operation and Development. A Proposed Standardised List of Items for Costing Purposes in the Decommissioning of Nuclear Installations [R]. 1999.

第5章 退役经费估算软件简介

5.1 概要

本章介绍了国际、国内退役经费估算软件发展现状，从国际和国内两个方面进行介绍退役经费估算软件。

5.2 节描述国际和国内退役经费估算软件发展现状。由于法律、技术、经济等多方面因素的不同，不同国家或组织（如 IAEA、美国、日本、德国、法国等）均基于各自的退役成本估算原则、方法和框架，开发出了不同的退役成本估算软件。部分国家已经在工程实践当中应用这类软件，并积累了大量相对可靠的数据，形成了退役数据库。从调研得到的多款退役经费估算软件中，本节挑选了其中四款软件进行简单介绍。

5.3 节介绍国内退役经费估算软件发展现状。国内在退役经费估算软件上的研究和开发并不深入，而且由于国内尚无一座大型商用核电厂进行或完成退役，故目前没有一款得到工程实践验证的费用估算软件。目前中广核集团较早地进行了退役经费估算方法研究和软件开发，现已开发出具有自主知识产权的退役成本估算软件。本节将就该软件的研发过程、估算方法和模型、主要功能、整体架构与功能模块、编码设计等进行详细介绍。

5.4 节进行对退役经费估算软件的总结。一款专业的退役经费估算软件对于退役工程的意义重大，可实现退役数字化、信息化的数据管理，以便更合理地筹集、使用退役资金，保证核电厂更加安全、高效、经济地退役。国内目前在退役经费估算软件的领域研究上落后于许多国家，宜提高重视程度，并加大研究力度，使我国更快发展为成熟的核电大国。

5.2　国际退役经费估算软件发展现状

由于不同国家关于核电厂退役的法律法规存在差异，退役技术、工程管理、废物管理技术的发展程度不同，劳动力成本、通货膨胀率、材料价格浮动等差异较大，这些都导致退役费用的测算标准难以统一。而且针对不同的核电厂退役还需要具体情况具体分析。因此，各国基于各自的退役成本估算原则、方法和框架，开发了不同的退役成本估算软件。表 5.1 罗列了一些国家/组织开发的退役经费估算软件及其功能描述。

表 5.1　各国开发的退役经费估算软件

国家（组织）	软件名称	功能描述
美国西北太平洋国家实验室	CECP	使用单位成本因素法进行估算，可估算基于不同退役策略的退役各阶段费用、人工时、人员受辐照剂量等信息
国际原子能机构 IAEA	CERREX	基于 ISDC 开发，嵌入 Microsoft Excel 实现，估算方法与自下而上法类似
美国 RSCS 公司	DeCAT-Pro	允许用户方便地评估各种退役选项对成本影响，并在设施和设备被移除或引入电厂时更新废物处理成本、人工成本和策略变动，提供详细的退役资金需求、项目时间进度表、现金流预测、人员编制和不同种类的废物量等报告
德国 NIS 公司	CORA & CALCOM	在 MS-ACCESS 或 ORACLE 应用程序的基础上工作，CORA 用于核电厂源项数据的处理；而 CALCOM 用于 D&D 项目规划和成本估算
美国 TLG 公司	DECCER	具有退役成本估算与压力容器活化分析、乏燃料费用估算、去污存量、职业照射及放射性废弃物体积估算等功能
欧盟委员会	ECDB COST	/
日本原子能研究院 JAEA	DECOST	可计算包括退役规划、去污、安全储存、拆除、设备、物资、管理、维护 8 项费用
法国 OREKA SOLUTIONS 公司	DEM+	三维虚拟实体仿真；同时计算费用、剂量和工作时间；计算核风险；按类别领域对废物进行评估

下面对其中四款国际的退役经费估算软件进行简单介绍。

5.2.1 CECP 软件

CECP 费用估算电脑程序（Cost Estimating Computer Program）是由美国西北太平洋国家实验室研发，设计用在 IBM 个人电脑或同等设备上，进行执照终止时轻水堆核电站的退役经费估算软件。该软件开发于 20 世纪 90 年代，虽然比较老旧，但已经过美国商用核电厂退役工程实践检验，具备工程应用条件，符合当时的退役经费估算的使用需求。另外，CECP 采用自下而上的估算方法，是常见的多种估算方法中最精确的。

CECP 软件采用自下而上法，通过分析和估算去污、拆装、包装、运输、处置所需的详细设备及结构清单来估算所需费用。为了得到一个精确度足够高的估算，软件需要输入大量的详细工艺和设备的数据、合理的数学假设和模型。

CECP 软件的运行机理可以简述为：

（1）先根据软件要求，输入每个工程项目的数据，形成数据库。这些数据包括了与单位费用因子相关的清单，特定厂址的劳工、材料以及设备费用的详细描述等。需输入的数据量较大，估算的精确度直接取决于输入数据的可靠性。

（2）然后按照软件内嵌退役经费估算假设和数学计算公式进行计算，用户不需要额外设置。软件的估算费用包括了去污费、移除费、包装费、运输费、处理处置费和不可预见费用。不可预见费用直接按 25%计算。

（3）最后输出退役费用报告，包括每项退役工艺项目的费用和整个退役过程的费用。用户可以直观地通过报告，看到估算费用组成。

软件输入文件分为两类，在软件的主菜单界面可直接清楚看到，一类为一般成本和单位成本因素，包含 3 项子类：劳动力成本、掩埋费用、物理常量；去污的单位成本因子；污染系统的单位成本因子。另一类为厂址特性信息和参数，包含 9 项子类：厂址信息、退役进度表、特殊设备费用、构筑物去污费用，污染系统成本、核蒸汽供应系统费用、人力费用、未分配费用、最终总结报告。软件页面如图 5.1 所示。

CECP主菜单

一般成本和单位成本因素

1. 劳动力成本，掩埋费用，物理常量
2. 去污单位成本
3. 污染系统的单位成本

特定地点费用和参量

A电站信息

B退役计划

C特殊设备费用

D构筑物去污费用

E污染系统成本

F核蒸汽供应系统费用

G人力费用

H未分配费用

I最终总结报告

*** 按ALT-X退出；V阅读文件 ***

图 5.1　CECP 软件菜单栏示意图

软件数据输入的流程如图 5.2 所示。

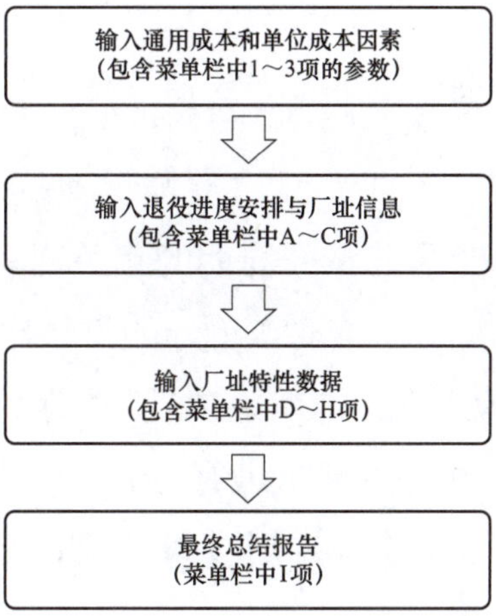

图 5.2　CECP 软件数据输入流程图

CECP 软件最后把估算结果进行费用分类，包括劳动力与物资、能源与运输、废物掩埋 3 类。最后考虑 25%的不可预见费、税与保险，得出这个退役项目最终的费用估算结果。

5.2.2　CERREX 软件

近年来，国际原子能机构（IAEA）独自发起或者与其他国际组织合作，发出了一些旨在改进退役经费估算可比性的倡议。特别是在 2012 年，IAEA 与经济合作与发展组织/核能机构（OECD/NEA）和欧洲委员会（EC）合作，制定了一系列用于估算的标准化结构——《国际退役成本结构》（International Structure for Decommissioning Costing，ISDC）。2013 年，IAEA 基于 ISDC 开发了工具 CERREX 软件（Cost Estimation for Research Reactors in Excel），用于估算研究反应堆退役的成本，其估算方法与自下而上法是类似的。

基于 ISDC，CERREX 软件代码通过嵌入 Microsoft Excel 实现。在 CERREX 软件守则内推行 ISDC 方法的主要原则如下：

（1）物项清单及与废物有关的资料是根据预先界定或用户界定的退役活动类别（例如拆卸水管）或废物管理类别（例如极低水平废物管理）来执行的；

（2）为依赖物项清单和废物管理活动提供单位因素资料、工作难度因素，以反映预期当地工作条件所带来的限制；

（3）确定成本要素（计算项目），包括物项清单或废物管理活动、与退役期间有关的活动和任何附带成本（例如缴税）或资产（例如出售未受污染的金属）。

CERREX 软件很好地契合了 ISDC 结构，得出的费用结果比较规范，相对更容易得到国际上不同用户的认可。但与其他退役成本计算工具相比，CERREX 有许多缺点：不能区分不同周期的相关活动或项目阶段的持续时间，即必须假定所有项目管理和现场活动在单一的持续时间内；物项清单数据库不包括放射性数据，需要手动将物项清单数据划分到不同的废物类别；只能做出单点确定的费用概算，采用概率方法进行退役成本风险评估；在当前版本的 CERREX 软件中，计算结果不能根据退役参数（如工作功率、总成本）的变化而变化。

5.2.3 DeCAT-Pro 软件

退役费用分析软件 DeCAT-Pro 是由美国 RSCS 公司（Radiation Safety & Control Services，Inc）研发的，该软件允许用户方便地评估各种退役选项对成本影响，并在设施和设备被移除或引入核电厂时更新废物处理成本、人工成本和策略变动。该软件提供退役资金需求的详细报告，并提供详细的项目时间进度表、现金流预测、人员编制和不同种类的废物量。软件采用自下而上的估算方法。

使用 DeCAT-Pro 软件的主要操作流程：

（1）输入工作安排；

（2）设置电厂物项清单管理；

（3）输入废物种类、容器、处置地点、回收成本、处理方法及处置费用；

（4）输入人事及其他费用；

（5）货币转换；

（6）考虑多个不确定与不可预见费用；

（7）输出多个估算与分析报告；

（8）导出数据。

另外，DeCAT-Pro 软件通过开发基线场景（baseline scenarios）来管理多个成本估算项目，多场景间可以实现数据共享，具有强大的文件共享功能。DeCAT-Pro 采用一致的成本估算参数方法来估算退役成本，就可以在设备的整个使用寿命中方便地更新和维护这些参数。图 5.3、图 5.4 为 DeCAT-Pro 生成的退役费用总报告现金流分析报告以及退役废物量详细报告。

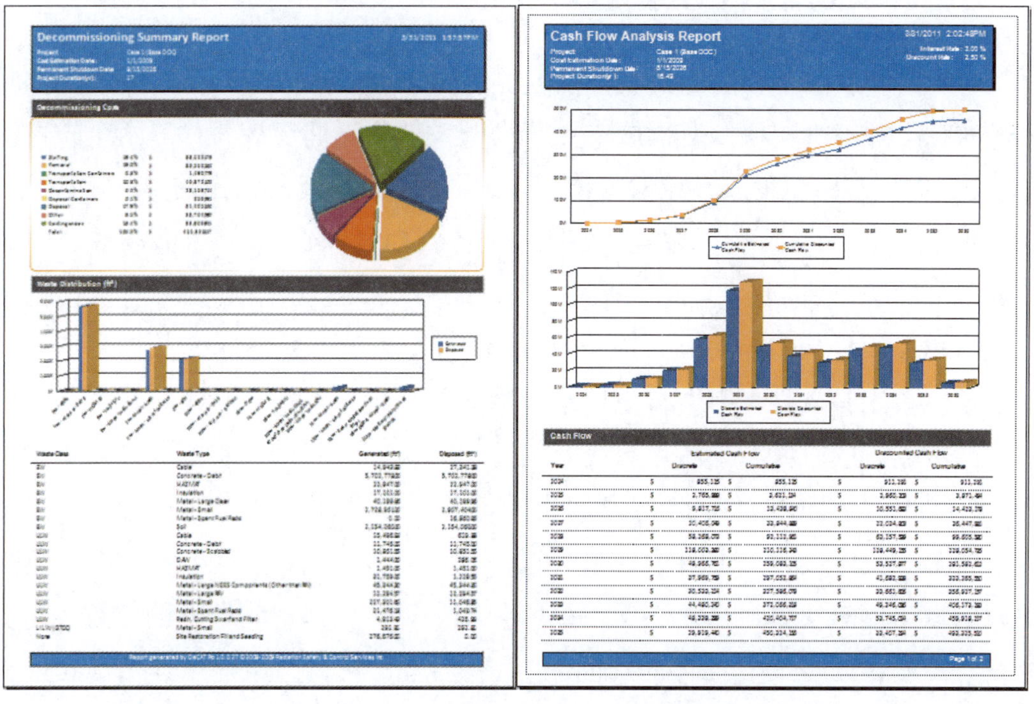

图 5.3　DeCAT-Pro 退役费用总报告（左）和现金流分析报告（右）

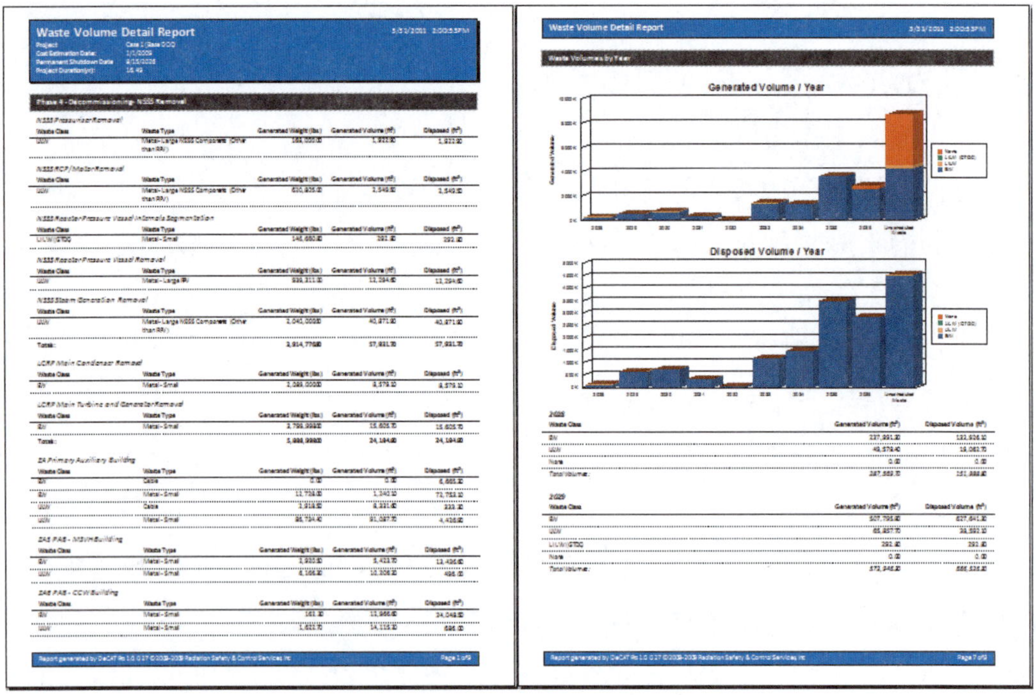

图 5.4　DeCAT-Pro 退役废物量详细报告

5.2.4　CORA & CALCOM 软件

CORA 和 CALCOM 是德国 NIS 公司（Siempelkamp NIS Ingenieurgesellschaft mbH）专门为核研发项目退役成本计算而开发的数据库应用程序。两个软件配套使用，是在 MS-ACCESS 或 ORACLE 应用程序的基础上工作的。其中，CORA 软件用于核电厂物项清单数据的处理，而 CALCOM 软件用于 D&D 项目规划和成本估算。

CORA 软件（Component Registration and Analysis）是 NIS 数据库下的一款物项清单工具软件，用于核电厂退役数据的处理，特别是物理物项清单、厂房房间数据、放射性源项清单、废弃物处理数据、废弃物包装数据。CORA 是在 Microsoft 产品 MS-ACCESS 平台上开发的。

在 Borssele 核电厂退役项目中，通过软件罗列了与组件（设备、管道等）对应的近 1 万个实体，并为注册的组件分配了以下信息：元器件的位置（建筑物及与控制区对应的元器件的房间）、组件类型、材料、放射性评估（辐射种类、预期废物处理方法、暂存及最终贮存容器、拆卸及处理组件时产生的二次废物量)。基于这些技术和辐射数据，CORA 计算出了对废物管理评价具有重要意义的结果。Borssele 核电厂退役研究把数据处理后得到如下几条结果：不同废物处理方法的质量分布、预估计算出的二次废物量、包装数据（所需废物容器数量)、计算出的暂存与处置库容积。这些结果的汇总或分类在工程与计算上很实用。

而 CALCOM 软件作为项目成本估算与规划工具软件，主要具有以下功能：项目计划、项目管理结构的建立和维护、项目进度管理、资源管理、成本估算、与 MS-PROJECT 进行数据交换。所以成本估算只作为该软件的一个子功能。CALCOM 同样是采用自下而上的成本估算方法。

CALCOM 退役经费估算的基础是 CORA 中所收集的工厂技术和放射性清单信息。退役成本的计算是以现有的项目结构计划为前提的，该计划需要把所有必要的退役活动从头到尾标识出来。退役任务的费用计算包括以下几类费用：内部和外部人员的人事费用（如果需要，包括人员剂量)、投资成本、消耗物成本、其他成本（如熔化、临时储存、处置库)。

每种成本类型都有不同的计算模型：

（1）与人工相关的计算：所有必要数据由用户提供，根据计算模型估算费用，如人员任务的持续时间增加带来的成本、不同职能人员的小时工资率等。

（2）与质量相关的计算：即核电厂的一些特征数值，如一个组件或者一套组件的质量、建筑面积。这类数据将与一个特定的工作因子（工时/kg 或工时/m^2)，计算得出退役数据（成本、时间等)。

（3）与时间有关的计算：退役任务的持续时间需同时考虑多个退役任务，例如拆除工作可能同时进行放射防护工作。

（4）与劳动力有关的计算：一项工作的劳动力与其他工作的劳动力会有一个比率关系，例如工地管理工作占整个拆卸工程的总劳动力的百分比，这个关系由一个特定的因子（工时/工时）表示。

由于质量、时间和劳动力相关的计算需要使用特定的因子，需要根据经验反馈不断更新，CALCOM 软件提供了存储和维护这些因子的功能。根据在研发项目中不断增长的实践经验，对这些因子进行持续更新。工程实践中发现还需要考虑在不同工作环境下的工作因子（例如在辐射防护措施下工作、在脚手架上工作)。随着人员费用的计算，软件还提供资源管理的功能，即把内部和外部人员分开。所有人员、设备、消耗品和其他费用的费率或价格均储存在 CALCOM 数据库中。对于实际应用时的长期计算，这些价格可以随通货膨胀率（平均增长率或每年单独的增长率）而上升。总的来说，该软件可以考虑变化的因素很多，可以针对某一或某些因素做敏感性分析。

5.3 国内退役经费估算软件发展现状

5.3.1 国内总体情况

相比之下，国内在退役经费估算软件上的研究和开发并不深入，目前没有一款得到工程实践验证的费用估算软件（因为国内还没有一座大型商用核电厂进行或完成退役）。

由于绝大多数国外开发的退役经费估算软件时间久远，随着互联网等技术和费用估算理论的持续发展，软件无论在功能还是界面上都会稍有欠缺，也未必能与目前最新的费用估算结构、用户的需求相吻合。另外，国际与国内核电厂退役估算的成本偏差也较大，存在核电厂所有制、运行情况、金融制度、设施类型等方面的差距。且退役具有周期长、难度大、不确定与不可预见因素多等特点，需要根据实际情况（国家法律法规与核电厂实情）进行估算。因此，国内急需开发一款符合国情的大型商用核电厂退役成本估算的软件，以满足国内未来核电厂退役的市场发展需求。同时，基于当前计算机技术来开发软件，可以充分利用后发优势，打破国外对退役经费估算软件的垄断，是一个“弯道超车”的机会。

目前国内主要的几家核电单位和一些高校已经意识到了退役经费估算的重要性，并展开了软件方面的探索。其中，中广核集团已经进行了多年的退役经费估算方法研究和软件开发，完成了基于大型商用核电厂的退役成本估算的方法研究，并开发出具有自主知识产权的退役成本估算软件。同时，中广核集团也乐意分享他们在退役经费估算软件开发上的一些成果与经验，以期国内该领域得到越来越多的关注与重视，共同深入研究开发更为实用可靠的、国内国际认可的软件。下一节将对该软件进行详细介绍。

5.3.2　DCEP 软件

5.3.2.1　简介

大型商用核电厂退役成本估算软件（Decommissioning Cost Estimation Program，简称 DCEP）是一款由中广核集团旗下深圳中广核工程设计有限公司自主研发的、便于复核和定期更新的大型商用核电厂退役成本估算软件，填补了国内在大型商用核电厂退役成本估算软件领域的空白，对于合理化核电厂退役计划安排、规范化退役经费计提和管理发挥着重要指导作用，同时对于未来国内核电厂退役以及中国核电“走出去”战略均有潜在意义。

DCEP 软件是采用国际上主流的自下而上法进行核电厂退役成本估算，充分利用了工作分解结构（WBS）和国际退役费用结构（ISDC）两种估算结构对退役活动项目进行梳理，而单项活动费用计算中使用了单位成本因子（UCF）。

此外，DCEP 软件研发团队是中广核集团在退役总体领域的重要排头兵，团队成员包含核退役领域多年丰富经验的专家和具有高度创造性和主动性的年轻骨干，团队负责了从前期软件调研到整体框架搭建、程序代码编辑全过程的工作。该团队除了已开展的退役费用相关研究外，还在退役总体技术方案、退役法律法规体系、退役三维工程虚拟仿真等方面开展了研究工作，并取得了一定成果，通过对退役全方位的研究工作，实现退役团队能力建设和人才培养，为后续退役工作奠定技术基础。

5.3.2.2　研发过程

中广核集团对退役费用的研究启动较早，在大亚湾核电站建成后即按照国家相关法律法规要求开展了核电厂退役经费的提取，并先后多次就核电厂退役经费估算标准和方法、退役经费管理等开展专题研究工作。近年，依托中广核集团放射性废物处理及处置研发中心，中广核工程有限公司退役总体技术研发团队从理论研究、软件开发两个方面对大型商用核电厂退役经费估算进行了更为全面、系统的研究：理论研究方面，采用自下而上法，基于退役 WBS 和 ISDC 结构，建立更完善的满足不同用户需求的退役经费估算方法和模型，并开展了敏感性分析、不确定性分析等研究；软件开发方面，在理论研究基础上，设计和研发了一套具有自主知识产权的退役成本估算软件。

5.3.2.3 软件估算方法和模型

DCEP 软件采用自下而上的退役经费估算方法。国际上常用的五种退役经费估算方法包含自下而上法、特定类比法、参数法、成本审查和更新、专家意见，其中自下而上法的准确性通常在几种常用的成本估算方法中最高，但需要的数据也是最详细的。使用自下而上法进行成本估算，需先按照工作分解结构（WBS）逐级分解项目工作，再对单个工作包或详细活动进行逐项费用估算，汇总到更高层级，并最终得到退役总费用。并在自下而上法中采用“单位成本因子”（UCF），来计算活动相关费用、时期相关费用。在实际估算核电厂退役费用时，核电厂各个系统、建/构筑物会被分为不同部件项目，按去污、拆除解体、包装运输、处理处置及其他费用进行分科目计算，而且其中的人、材、机消耗也比较清晰。

DCEP 软件的退役经费估算模型是 ISDC 和 WBS 的结合。软件的费用估算层级与 ISDC 相类似，如图 5.5 所示。

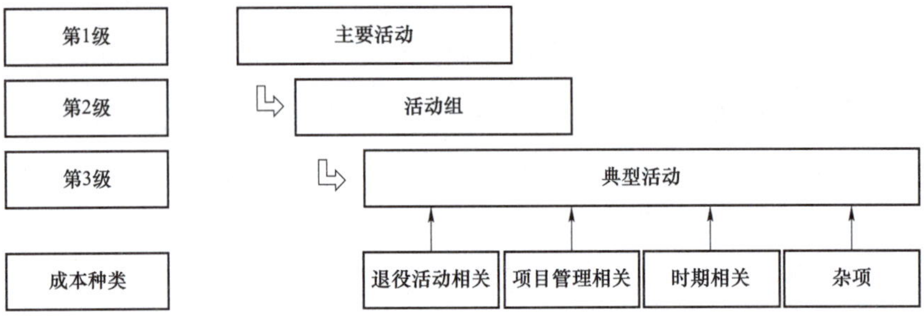

图 5.5　DCEP 软件估算层级

退役经费估算结构主要分为 3 个层级，第 1 级是描述主要活动的退役费用项，分为 11 项，逐级细分。最底层的典型活动项会与后台的基础参数、厂址信息、退役计划和 WBS 信息相关联。

第 1 级的 11 项主要活动项如下。

（1）退役前活动

该项活动指申请退役执照或等效的监管批准的准备活动，包括：退役规划；

设施特性化调查；安全、安保和环境研究；废物管理规划；授权；管理团队组建和承包商选择。

（2）设施关闭活动

包含所有与设施关闭操作相关的活动，包括：核电厂关闭和检查；排空和干燥系统；对已关闭的系统进行去污；移除系统中流体、运行废物以及冗余材料。

（3）安全贮存或埋葬的额外活动

所有与安全封存或掩埋相关的准备活动，包括：准备安全封存；厂址边界重新配置、隔离和安保建筑；设施掩埋。

（4）控制区内的拆除活动

所有控制区内与去污和拆除操作相关的活动，包括：去污和拆除设备的购买；拆除的准备和支持；拆除前去污；移除需特定程序的材料；拆除主工艺系统；结构和设备；拆除其他系统和设备；将污染物从建筑结构中移除；将污染物从建筑物外的区域移除；为建筑物释放而进行的最终放射性调查。

（5）放射性废物处理、贮存和处置

准备拆除所需的组件，为放射性废物提供最终处置，或将其释放进行限制或无限制的循环再造或再用所发生的费用，包括：废物管理系统；管理历史/遗留废物；管理退役废物；管理退役产生于控制区以外的废物及材料。

（6）厂址基础设施和运行

与厂址保护、控制和维护活动相关的费用，包括：厂址安全和监控；厂址运行和维护；服务系统的运行；辐射和环境安全监控。

（7）常规拆除、拆毁和厂址恢复

核电厂退役的非放射性部分活动相关的费用，包括：采购用于常规拆除和捣毁的设备；在控制区域以外拆除系统和建筑部件；捣毁建筑物和构筑物；最终的清洁、厂址美化和翻新；厂址最终放射性调查报告；有限或限制释放财产的永久性资金/监督。

（8）项目管理、工程和支持

退役期间的项目管理和现场支持服务相关费用，包括：动员和准备工作；项目管理；支持服务；健康和安全；人员遣散。

（9）研发

研究和开发退役工艺和技术产生的费用，包括设备、技术和程序的研发；

复杂工作的仿真模拟。

（10）燃料和核材料

移除乏燃料元件、组件和/或核材料，但不包括后处理或最终处置方案的费用，包括从退役设施中移除燃料或核材料；用于燃料和/或核材料的专用缓冲存储器；退役缓冲存储器产生的费用。

（11）杂项支出

上述部分中无法具体分类的成本，包括业主成本；税金；保险和资产回收。

对 11 项主要活动项费用可进一步归纳为如下类别的费用：源项调查费；清理去污费；拆除解体费；废物处置费；废物处理整备运输费；系统或设施改造费；环境恢复费；环境整治费；劳务及工资；设备费；材料费；管理费；项目收益；前期工作费；工程设计及技术服务；监管及竣工验收费；工程其他费；不可预见费。如何准确且完整地统计各类别的费用会直接影响退役经费估算的准确性。

表 5.2　估算费用项及各基础费用分类

序号	第一级费用项	包含费用
1	退役前活动	源项调查费；前期工作费； 工程设计及技术服务；工程其他费
2	设施关闭活动	源项调查费；清理去污费；拆除解体费； 废物处理整备运输费；工程其他费
3	安全封存或掩埋的额外活动	系统或设施改造费
4	控制区内的拆除活动	设备费；清理去污费；拆除解体费； 废物处理整备运输费；源项调查费
5	废物处理、贮存和处置	设备费；废物处置费；废物处理整备运输费
5	厂址基建和运行	设备费；材料费
7	常规拆除、捣毁和厂址恢复	设备费；拆除解体费；废物处理整备运输费；废物处置费；环境恢复费；环境整治费； 源项调查费；工程设计及技术服务
8	项目管理、工程和支持	管理费；劳务及工资
9	研发	—
10	燃料和核材料	—
11	杂项支出	劳务及工资；项目收益；监管及竣工验收费

5.3.2.4　软件主要功能

DCEP 软件主要功能除了计算得到退役项目总经费，还包括一些数据分析功能。

（1）WBS 和 ISDC 分析

DCEP 软件能够给出基于 WBS 工作分解结构的退役经费估算总表，同时通过后台的 WBS 与 ISDC 转换关系，把费用估算结果转化为 ISDC 结构。实现 WBS 与 ISDC 的转换，可以使软件更能得到国际上的认可，更能满足不同用户的需求。

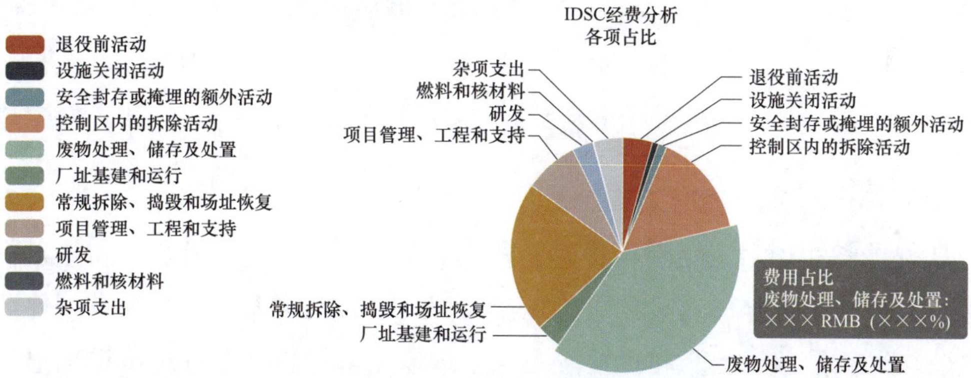

图 5.6　按 ISDC 划分的退役费用分析图

（2）基础数据库建立

基础数据库包含 4 部分信息：1）基础参数，如人工单价、项目管理人员单价、实际工作时间系数、辐射防护系数（分区）、取费系数、中低放废物处置单价、常规工业废物处置单价等；2）厂址信息，如厂址占地面积、核岛建筑量、常规岛及 BOP 建筑量、回填土深度、金属去污面积、混凝土去污面积、主设备信息等；3）退役计划信息，如退役阶段划分、人员信息、不同主设备去污及拆除工时等；4）WBS 信息，建立 WBS 序号、具体活动项目名称、活动时间安排的关联信息。

其中，关键数据进行了全局关联，有利于对不同影响因子进行敏感性分析，同时便于对数据的复核和定期更新。

（3）各科目费用计算

软件能够实现对退役费用按科目划分分析，分别统计去污费、移除费、包装费、运输费、处置费、厂址恢复费等关键科目的数据及在退役费用中的占比。

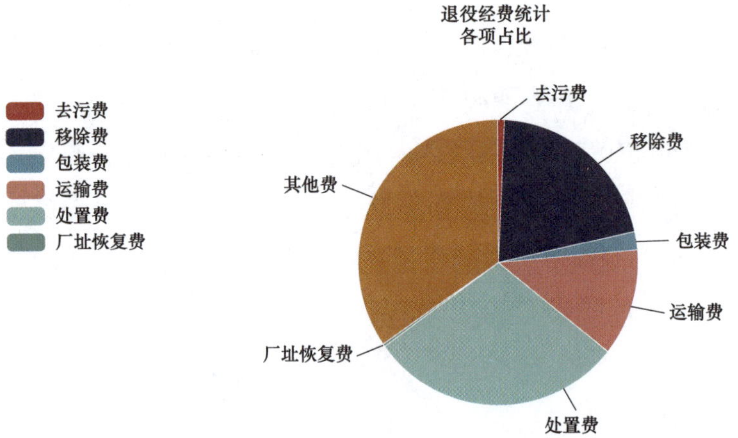

图 5.7　按科目划分的退役费用分析图

（4）各个时间段费用计算

软件能够实现对退役费用按时间段划分分析：按退役阶段划分和按退役年份划分。目前把核电厂退役划分为 5 个阶段：退役前准备阶段、核电厂停闭阶段、安全贮存阶段、去污和拆除阶段、厂址恢复阶段。软件分析可得出退役项目不同阶段费用占比，可以起到合理安排在不同阶段、不同科目应该筹备多少费用的指导作用。而把退役费用按退役年份划分则是更详细的分析，可以分析具体到每一年退役花费的资金，对于核电厂业主公司/负责退役的责任公司在现金流的控制有十分重要的参考价值。

（5）敏感性分析

敏感性分析是研究估算结果输出如何与包括了退役政策、退役范围、通胀因子、利益系相关者的参与、退役技术、废物处理处置费用等输入变量的方差相关的研究。通过这种分析，我们可以看出特定变量在多大程度上的变化会影响模型输出，从而得出哪个变量影响因子最大，是关键的费用驱动因素。

软件可以将估算结果数据导出后进行二次处理，对人工单价、项目管理人员单价、实际工作时间系数、辐射防护系数（分区）、取费系数、中低放废物处置单价、常规工业废物处置单价等变量进行敏感性分析。

（6）蒙特卡罗不确定性分析

蒙特卡罗分析是一种评估不确定性因素在各种情况下对系统产生影响的方法，既体现了各种不确定性的集体影响，也体现了预期价值的范围。蒙特卡罗通过预测概率分布模型，评估各种可能结果的分布及值的频率，例如成本、周期、需求及类似的定量指标。（见图 5.8）因此，当有许多变量具有显著的不确定性时，蒙特卡罗分析体现了其优越性。软件可以将估算结果数据导出后进行二次处理，更详细地分析不确定性对退役费用的影响。

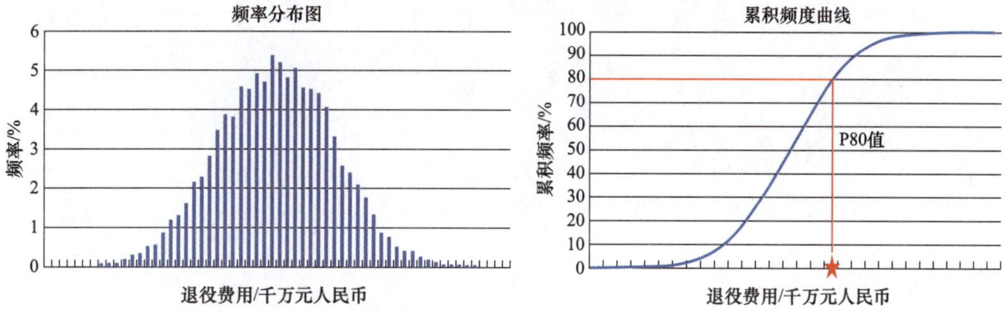

图 5.8　退役费用蒙特卡罗不确定性分析图

5.3.2.5　软件整体架构与功能模块

DCEP 软件是建立在充分的估算理论和模型研究基础上，从输入、输出、功能、性能、界面、控制、软件硬件配置、后期可拓展性等方面进行详细设计的。软件的系统架构从功能上可划分为登录模块、主界面模块、数据输入模块、费用计算模块、分析与输出模块，共 5 个模块。（见图 5.9）

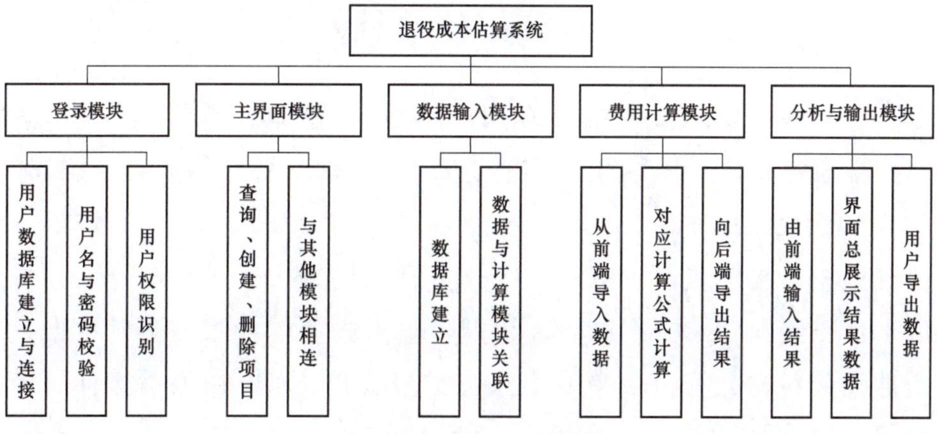

图 5.9　软件功能模块

软件的整体架构、各个模块之间的功能联系与数据流如图 5.10 所示。

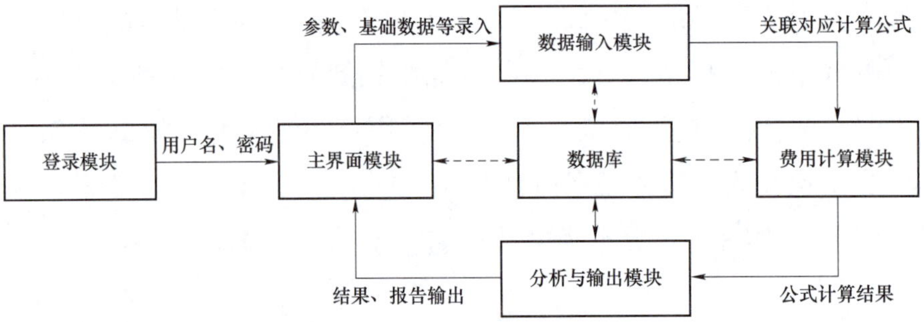

图 5.10　软件整体架构

各个模块的功能大致如下。

（1）登录模块：满足注册、登入的功能，并具有一定的用户管理功能。（见图 5.11）

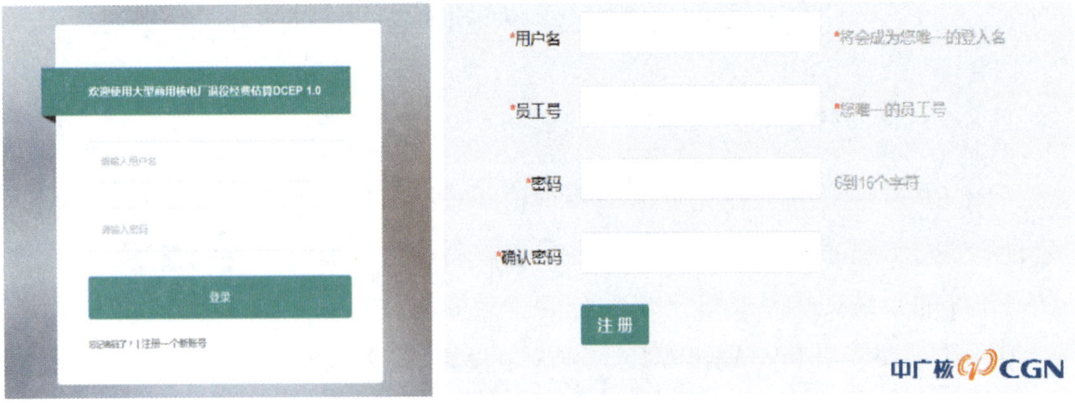

图 5.11　软件登录和注册界面

（2）主界面模块：软件界面简洁明了，用户操作容易顺利实现，能体现当前用户信息、不同功能模块之间的选择与切换、不同项目活动的具体参数数据等。（见图 5.12）

（3）数据输入模块：根据退役工作分解结构 WBS 进行展开，并与国际退役成本估算结构 ISDC 相结合，用户可输入大量的参数、基础数据，并建立一个数据库，与计算模块中的相应公式相关联，以此作为后续计算模块的数据支撑。（见图 5.13）

图 5.12　软件主界面

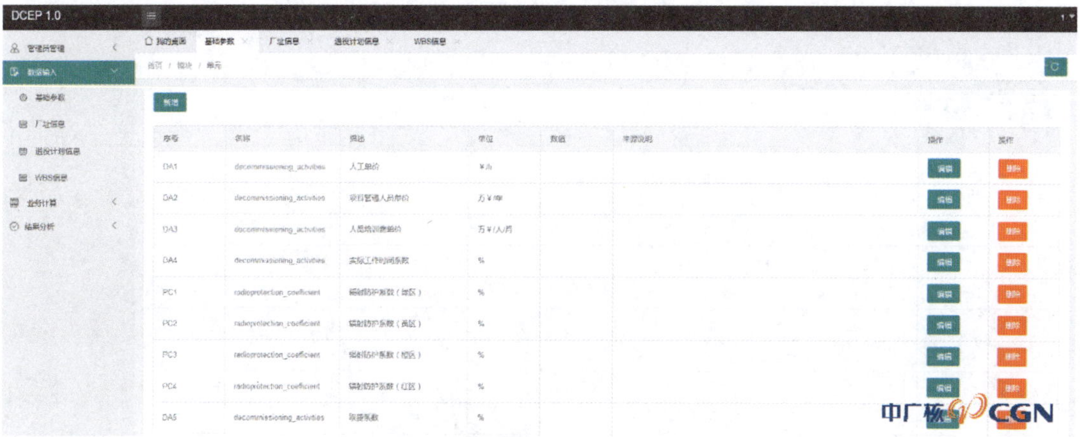

图 5.13　软件数据输入模块

（4）费用计算模块：采用分级授权，系统管理人员可进入此模块查看数据关联依赖关系、计算公式，同时可以对计算公式进行修改；普通用户无相关权限或仅开放部分功能权限，即只可查看数据关联依赖关系、计算公式，无法对计算公式进行修改；当前设计的软件退役经费估算层级与国际 ISDC 结构相似，为 11 项退役活动项。

（5）分析与输出模块：将数据按项目、结构、进度等筛选条件进行输出，同时能结合图表形象地给出几项常见的初步数据分析结果，并能导出数据结果的 Excel 文件，方便数据的二次处理分析。（见图 5.14、5.15）

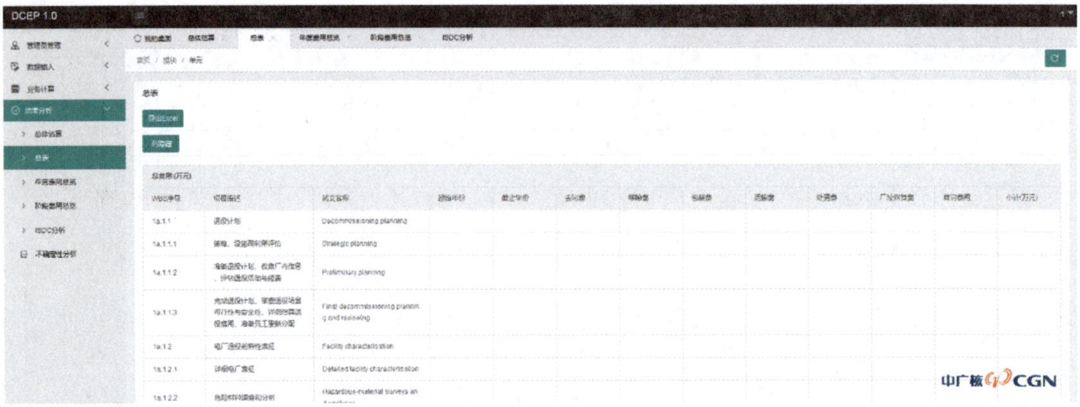

图 5.14　软件分析与输出模块（总表）

图 5.15　软件分析与输出模块（分别按退役阶段和费用类型分析）

5.4　结论

具备一款自主的退役经费估算专业软件，用于退役相关数据的收集、整理和分析，是合理规划退役工程的基础，也是我国发展为成熟的核电大国的必要条件。软件可实现退役数字化、信息化的数据管理，可满足核设施生命周期各个阶段的不同需求：如设计、运行阶段进行退役经费估算和指导退役经费筹集，退役前准备阶段进行资金规划和制订使用计划，正在退役阶段对过程费用进行管控等。因此，一款自主的退役经费估算专业软件对于退役工程的意义重大，是确保核电厂更加安全、高效、经济退役的保证。

对比国际国内退役经费估算软件发展现状，可发现国外核电技术先进国家在退役经费估算软件方面的研究更深入、开发时间更久，而且部分软件得到了实际退役工程数据验证。目前国内多在军工核设施或小型研究堆进行过退役经费估算，而针对大型商用核电厂退役经费估算上则发展缓慢，因为大型商用核电厂需考虑安全、环境、公众、社会、经济等多方面因素，费用估算上很难做到全面且可靠。此外，国内目前针对退役经费估算主要采用的是与核电在建项目一样的给出一笔工程定额费用作为估算，针对费用盈余/不足的情况难以把控。在退役经费估算软件领域上的研究落后于许多国家，宜提高重视程度，并加大研究力度，使我国更快发展为成熟的核电大国。

近年来，国内核电相关企事业单位、科研单位和高校等都开始关注退役经费估算软件，着手进行方法论的研究和软件的研发。中广核集团大型商用核电厂退役成本估算 DCEP 软件开发经验表明，中国有能力结合本国国情和国内核电在建项目数据，开发出较成熟、较完善的核电厂退役成本估算软件，值得推广和借鉴。

同时，对比国外已有的退役成本估算软件，可以类推出国内在开发退役经费估算软件时会存在的优势以及不足如下：

（1）软件利用后发优势，其估算方法、估算结构和颗粒度更加合理、更加全面，软件界面的人机交互更为友好，能输出纯数据以外的形象的图表分析结果。

（2）其不足也明显，由于没有实际退役工程支撑，缺乏可靠的、适合于中国国情的退役费用数据，实际退役费用和估算值可能会存在较大的不确定性和差异。在利用软件进行案例计算分析时，基础输入数据不充足，难以说明数据的可靠性，且只能进行简单的数据处理功能。后续需在退役费用数据的收集、形成数据库、建立行业退役费用标准等方面加大研究力度。

最后，为了更好地推动退役经费软件的发展，从国内行业角度提出一些工作建议：构建一个退役费用的软件核心数据库（定额），需要国家和国内核电行业单位共同努力，对各类费用的定额进行明确并统一；软件使用的退役经费估算的核心算法、模型等相关标准需要尽快出台并固化；加强国家和国内核电行业单位的沟通交流，充分发挥和利用国内核电行业单位在核电厂退役成本估算的研究成果、软件开发经验和问题反馈；软件和其他数字化、信息化系统或平台相联合，以便实现更加高效的管理，确保核电厂未来更加安全、高效、经济地退役。

参考文献

[1] Siempelkamp, NIS Ingenieurgesellschaft mbH. Site Specific Decommissioning Cost Calculation for the Borssele NPP, Document No. 9559[R]. 2015.

[2] OECD, NEA. Cost Estimation for Decommissioning: An International Overview of Cost Elements, Estimation Pratices and Reporting Requirements: NEA No. 5831[R]. 2010.

[3] IAEA. Cost Estimation for Research Reactor Decommissioning: IAEA Nuclear Energy Series: No. NW-T-2. 4[R]. 2013.

[4] IAEA. Data Analysis and Collection for Costing of Research Reactor Decommissioning: Report of the DACCORD Collaborative Project: IAEA-TECDOC-1832[R]. 2017.

[5] OECD, NEA. The Practice of Cost Estimation for Decommissioning of Nuclear Facilities: NEA No. 7237[R]. 2015.

第6章 退役经费估算案例

6.1 概述

本章主要介绍退役经费估算相关的一些应用案例，分析的案例覆盖了国际上的研究堆和商用核电厂。其中，由于商用核电厂影响因素多、涉及退役资金量大，而且一般退役相关数据都是归核电厂运营方或专门的退役责任方所有，属于商业秘密，难以获取详细的退役估算数据。研究堆一般更早建造且相对寿命较短，目前已有许多国家和地区完成了研究堆的退役，研究堆的规模一般较小、退役经费相对容易统计和估算，能获得较详细的数据进行分析。基于此，本章会对研究堆和商用核电厂退役经费估算案例进行详细分析研究。

6.2 节分析了研究堆退役经费估算案例，主要分析了常见的几类研究堆退役经费估算案例，估算并分析了 TRIGA、WWR 和开放池式三类研究堆的退役费用。即使堆型有所差异，但分析方法是相似的，先大致了解不同堆型的主要区别，并确定待研究反应堆的具体退役情况，包括了解设施特点、运行情况等，并做出了退役经费估算假设，包括退役策略、退役终态、退役活动安排等，给出如 ISDC 第 1 级主要活动各项费用的估算数据分析和关键参数敏感性分析的结果。

6.3 节分析了商用核电厂退役经费估算案例，主要研究并估算分析了包含 PWR、BWR 等的商用核电厂具体案例的退役费用。相较于研究堆，一座核电厂的退役数据更为繁多且较难获得。通过调研，得到了美国、欧洲各国的一些核电厂退役案例的数据及其数据分析。参考这些案例数据和分析方法，利用软件协助计算和分析了国外某百万千瓦级压水堆的退役费用，所得的计算和分析结果具有一定的参考性和现实指导意义。

6.4 节对退役经费估算案例进行了总结，分析了核反应堆退役费用的影响因素，以及在估算研究堆和商用核电厂退役费用时的差异。通过分析研究这些估算案例，获取的经验反馈有助于后续对其他反应堆进行退役经费估算。

6.2 研究堆

6.2.1 总体情况

核反应堆是以铀（或钚）作核燃料实现受控核裂变链式反应的装置。反应堆的结构、特性和运行的工况随用途而异，按用途分大致可以分为研究堆、动力堆、生产堆和特殊用途堆等。研究堆用来进行基础研究或应用研究。一般情况下，相较于核电厂这类的动力堆，研究堆功率更低、规模更小，所以退役时所需的劳动力、资金、时间都更少，但退役的整体工序是一致的，同样需要进行源项调查，去污，拆除，废物包装、处理、运输、处置，终态调查等。因此，对于核电厂退役有一定的参考价值。

此外，由于国际上完成退役的研究堆数量多，且退役费用的数据更为公开，更有可能获得详细的数据供参考。因此，在研究核电厂退役经费估算时，可同时研究分析研究堆案例的退役经费估算。据调查，国际上已经完成退役的研究堆如表 6.1 所示。

表 6.1　国际上部分已完成退役的研究堆

名称	国家	城市	所属机构	热功率	启停时间
ASTRA	澳大利亚	Seibersdorf		10 MW	1960—1999
CONSORT	英国	Ascot，Berkshire	Imperial College	100 kW	
JASON reactor	英国	Greenwich	Royal Naval College	10 kW	1962—1996
MOATA	澳大利亚	Lucas Heights		100 kW	1961—1995

续表

名称	国家	城市	所属机构	热功率	启停时间
HIFAR	澳大利亚	Lucas Heights			1958—2007
HTGR	英国	Winfrith in Dorset	International Atomic Energy Agency	20 MW	1964—1976
DIDO	英国	Harwell，Oxfordshire	Atomic Energy Research Establishment		
Nuclear Power Demonstration	加拿大	Deep River，Ontario	AECL's Rolphton plant	20 MW	1961—1987
NRX	加拿大	Deep River，Ontario	AECL's Chalk River Laboratories		1952—1992
PLUTO reactor	英国	Harwell，Oxfordshire	Atomic Energy Research Establishment	26 MW	1957—1990
Pool Test Reactor	加拿大	Deep River，Ontario	AECL's Chalk River Laboratories	10 kW	1957—1990
WR-1	加拿大	Pinawa，Manitoba	AECL's Whiteshell Laboratories	60 MW	1965—1985
ZEEP	加拿大	Deep River，Ontario	AECL's Chalk River Laboratories		1945—1973
More Hall Annex	美国	Seattle	University of Washington	100 kW	1961—1988
Ewa reactor	波兰	Świerk-Otwock	POLATOM Institute of Nuclear Energy	10 MW	1958—1995
FiR 1	芬兰	Espoo	Helsinki University of Technology，later VTT Technical Research Centre of Finland	250 kW	1962—2015
RV-1	委内瑞拉	Caracas	Venezuelan Institute for Scientific Research	3 MW	1960—1994

研究堆可以通过功率水平、用途、慢化剂种类等进行分类。在考虑退役时，研究堆可以使用以下因素进行分类，例如放射性核素库存、去污和拆除技术、废物活动和数量等：

（1）池式反应堆（pool），包括 TRIGA 和 SLOWPOKE；

（2）储罐反应堆（tank），包括重水研究堆和 ARGONAUT（Argonne Nuclear Assembly for University Training）；

（3）均相液体反应堆；

（4）快中子反应堆；

（5）石墨反应堆；

（6）其他反应堆，包括临界组件、均质固体反应堆等。

本节主要内容包括对几种常见的研究堆堆型（TRIGA、WWR、开放池式研究堆）的退役案例费用估算进行系统研究并进行了数据分析。

6.2.2 国外研究堆退役经费案例

6.2.2.1 TRIGA 研究堆

6.2.2.1.1 设施简介

美国的通用原子公司（General Atomics，GA）在 1950 年代初期开发了 TRIGA 反应堆。它于 1955 年在第一届日内瓦和平利用原子能会议上首次公开亮相。TRIGA 是“训练、研究、同位素、通用原子”（Training，Research，Isotopes，General Atomic）5 个英文单词首字母的组合。TRIGA 反应堆是小型研究反应堆，是一种可以不安装严密的安全保护层的池式反应堆，一般用于教学训练、科学研究和同位素生产。TRIGA 反应堆使用铀氢锆核燃料，这种燃料的核反应速率随温度上升而下降，因此 TRIGA 反应堆非常安全，基本不存在发生核事故的可能，而且操作灵活、造价相对便宜，允许对低浓缩铀进行多种实验。TRIGA 反应堆主要分为三种基本模型：（1）Mark-Ⅰ型，包含不带束管的地下水池；（2）Mark-Ⅱ型，包含具有多个束管的地上水箱；（3）Mark-Ⅲ型，包含一个具有可活动堆芯的地上椭圆形水池。

在随后的几十年中，全球共建造了约 70 座 TRIGA 反应堆，有 33 台 TRIGA 反应堆分布在美国各地，另有 33 座反应堆分布在其他国家，其中许多是由于美国前总统艾森豪威尔 1953 年提出的“原子和平（Atoms for Peace）”政策而建造的。TRIGA 反应堆可在总共 24 个国家/地区找到，包括美国、奥地利、孟加拉国、巴西、刚果、哥伦比亚、英国、芬兰、德国、中国台湾地区、日本、韩国、意大利、印度尼西亚、马来西亚、墨西哥、摩洛哥、菲律宾、波多黎各、罗马尼亚、斯洛文尼亚、泰国、土耳其和越南。

在本节中，主要对其中五座 TRIGA 反应堆进行退役成本分析，这些 TRIGA 堆的基本信息如表 6.2 所示。其中，KRR-2（韩国）是已完成退役的项目，其估算费用数据已与实际数据有关；其他反应堆均未完成退役，提供的费用数据是估算值。

表 6.2 进行估算的 TRIGA 研究堆的基本信息

名称	反应堆类型	运营方（国家、城市）	热功率/MW	启堆时间	目前状态
IPR-R1	TRIGA-Mark-Ⅰ Pool Type	CDTN（巴西，贝洛奥里藏特）	0.10	1960 年 11 月	在运
TRR2000	TRIGA-Mark-Ⅱ Pool Type	BATAN（印度尼西亚，万隆）	2.00	1964 年 10 月	在运（暂时关闭）
KRR-2	TRIGA-Mark-Ⅲ Pool Type	KAERI（韩国，首尔）	2.00	1972 年 4 月	已退役
RTP	TRIGA-Mark-Ⅱ Pool Type	Malaysian Nuclear Energy（马来西亚，班吉）	1.00	1982 年 6 月	在运
PRR-1	Converted TRIGA	PNRI（菲律宾，马尼拉）	3.00	1963 年 8 月	关闭

6.2.2.1.2 估算模型

在进行退役经费估算前，首先要了解设施退役的基本情况，包括但不仅限于设施特点、退役计划、退役策略、退役终态、退役活动安排等，进而完善估算模型，即将已经确定的数据作为估算依据，并根据估算的深度对未确定的信息做出合理假设。

针对案例的所有 TRIGA 型反应堆，退役策略均采用立即拆除，由于国家、技术特点、历史等多方面原因，5 座 TRIGA 堆的设施特点存在较多的差异，此处不一一展开描述，但在估算时已经进行了详细区分。

下面以韩国 KRR-2 TRIGA 反应堆为例，简单介绍其设施特点、退役计划等信息：韩国 KRR-2 研究型反应堆具有可移动的 TRIGA Mark-Ⅲ堆芯，该堆芯运行了约 23 年，直到 1995 年 12 月关闭。该反应堆是专门为实验研究而设计的，具有多种实验性设施，例如旋转试样架、辐照室、径向束端口、通过端口相交的通道、热柱、气动传输系统和堆芯内实验位置。KRR-2 的最大运行热功率为 2 MW，总运行热功率产能为 68 740 MWh，中子通量峰值为 $7.0\times10^{13}\ \mathrm{n/cm^2\cdot s^{-1}}$。

退役的范围包括反应堆大厅、反应堆屏蔽结构、反应堆水池、反应堆组件、离子室、辐照室、燃料管道、水平的热柱、垂直的热柱、旋转试样架等。图 6.2 给出了 TRIGA Mark-Ⅱ反应堆退役方案示意图，图 6.3 给出了韩国 KRR-2 TRIGA 反应堆退役进度表，可供同类型反应堆退役作参考。

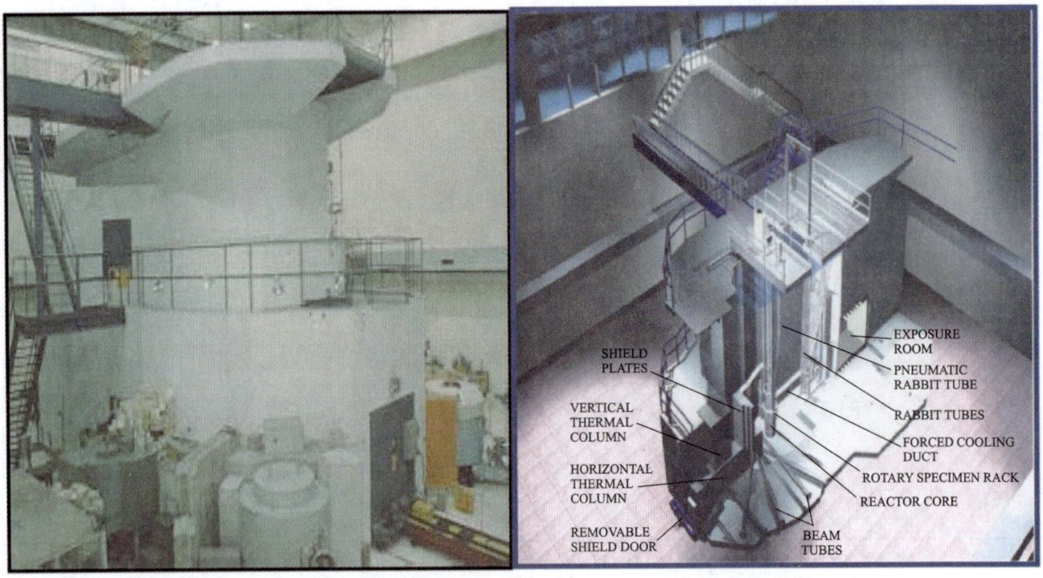

图 6.1　韩国 KRR-2 TRIGA 反应堆和钢筋混凝土屏蔽结构（图片由 KAERI 提供）

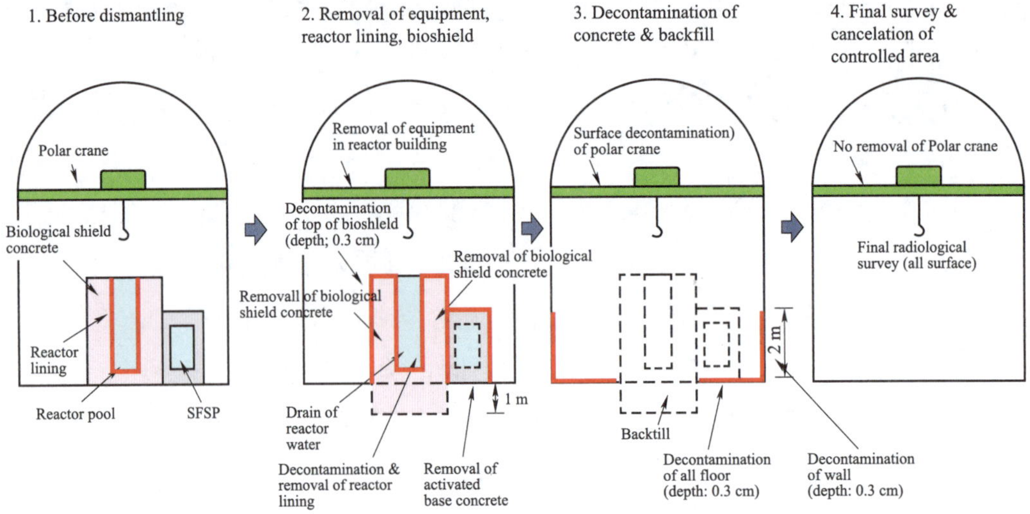

图 6.2　TRIGA Mark-Ⅱ反应堆 TRIGA Mark-Ⅱ反应堆退役方案

另外，所有的 TRIGA 堆退役活动顺序是相似的，主要组件拆卸活动的典型顺序如下：

（1）移除热交换器；

（2）移除反应堆堆芯组件；

（3）移除石墨反射器；

（4）移除旋转样品架；

Item	Rate of manpower (%)	
Decommissioning planning	1.71	退役计划
Facility characterization	10.24	设施表征
Safety-, security- and environmental studies	1.71	安全、安保和环境研究
Waste management planning	1.71	废物管理计划
Authorization	2.56	获批
Removal of materials requiring specific procedures	10.11	移除物项所需特定流程
Dismanting of main process systems, structures and components	40.47	拆除SSCs
Dismantling of other systems and components	13.84	拆除其他系统和部件
Removal contamination from building structures	8.96	建构筑物去污
Removal of contamination from areas outside buildings	8.70	建筑物以外区域去污

图 6.3 韩国 KRR-2 TRIGA 反应堆退役进度表

（5）移除反应堆堆芯；

（6）移除石墨块；

（7）切割热柱铝容器；

（8）拆除四个管架端口和钢制暗室；

（9）切割和拆除反应堆水池内衬（铝+混凝土+碳钢）；

（10）对生物屏蔽混凝土表面去污；

（11）拆除生物屏蔽混凝土。

关于废物管理，已拆除的材料要么存储在 200 L 桶中（对于放射性废物），要么运输到进行工业处置的地方（对于非放射性废物）。

在做退役经费估算前，对 TRIGA 反应堆的退役做出以下假设：

（1）退役策略是在设施关闭后立即拆除，其终态是将反应堆区域重新用于其他非核用途，并将厂址从监管控制中释放。

（2）退役的系统包括：反应堆建筑物、通风系统、热交换器和反应堆冷却系统。顶上的起吊机被保留。

（3）在反应堆关闭之前进行退役准备活动，为期 2 年。

（4）反应堆建筑物所有地板的去污深度为 3 mm，离地面最高至 2 m 的墙壁的去污深度为 3 mm。

（5）20%的混凝土生物屏蔽层被活化，80%未被活化，并且还存在表面污染；将混凝土生物屏蔽层完全移至混凝土反应池底部下方 1 m 处。

（6）所有组件均在现场进行切割分段，废物通过废物容器运输。

（7）退役项目中包含完整的废物管理系统，所有放射性废物都经过处理。

（8）对反应堆建筑物的所有内表面进行最终的放射性调查，并活化的建筑物进行翻新。

（9）人员配备：活动的管理由承包商执行，并在被许可方管理小组的监督和批准下进行；部分承包商被用于重要的 ISDC 04 活动（控制区拆除活动）；退役期间还将聘用操作人员进行项目管理和常规 D&D 活动；研发活动由原工作人员进行。

（10）乏燃料管理不在退役项目范围之内；不考虑其他相关项目、税金和保险等；不考虑任何资产回收。

6.2.2.1.3 案例分析

根据各 TIRGA 反应堆设施特点以及估算假设，进行了退役经费估算。表 6.3 列出了五座 TRIGA 反应堆的评估结果情况，对应 ISDC 第 1 级退役主要活动项。图 6.4 和图 6.5 是 ISDC 第 1 级费用分配和劳动力分布情况。

表 6.3 TRIGA 反应堆 ISDC 第 1 级退役主要活动项费用比较表

ISDC 序号	ISDC 活动项	费用（百万美元）					
		IPR-R1	TRR2000	KRR-2	RTP	PRR-1	均值
01	退役准备活动	0.78	0.38	0.88	1.13	0.004	0.63
02	设施关闭活动	0.15	0.10	—	0.62	0.08	0.24
03	安全维护期活动	0.39	—	—	—	—	0.39
04	控制区内拆除活动	0.57	0.57	3.59	2.13	1.04	1.58
05	废物处理、暂存和处置	0.23	1.24	4.89	3.91	4.27	2.91
06	厂址基础设施改造和运行	0.11	0.32	—	0.77	0.12	0.33
07	常规拆除、拆毁和厂址恢复	0.02	0.15	—	0.04	0.13	0.09
08	项目管理、工程和现场支持	0.68	0.59	2.16	1.90	0.33	1.13
09	研发	0.05	0.23	0.88	0.16	0.01	0.27
10	燃料和核材料	0.20	0.03	—	0.01	0.005	0.06
11	杂项	—	—	—	—	0.65	0.65
	总费用	3.18	3.63	12.40	10.66	6.64	7.30

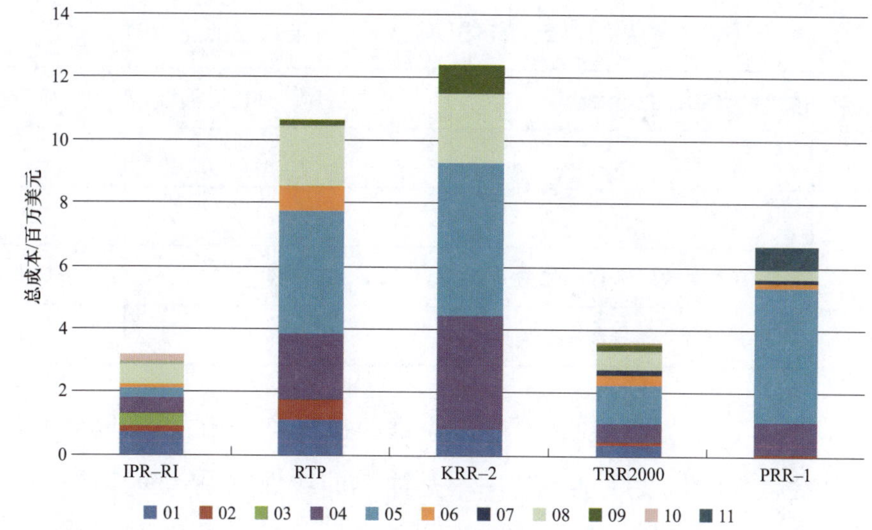

图 6.4　TRIGA 案例 ISDC 第 1 级费用分布情况（单位：百万美元）

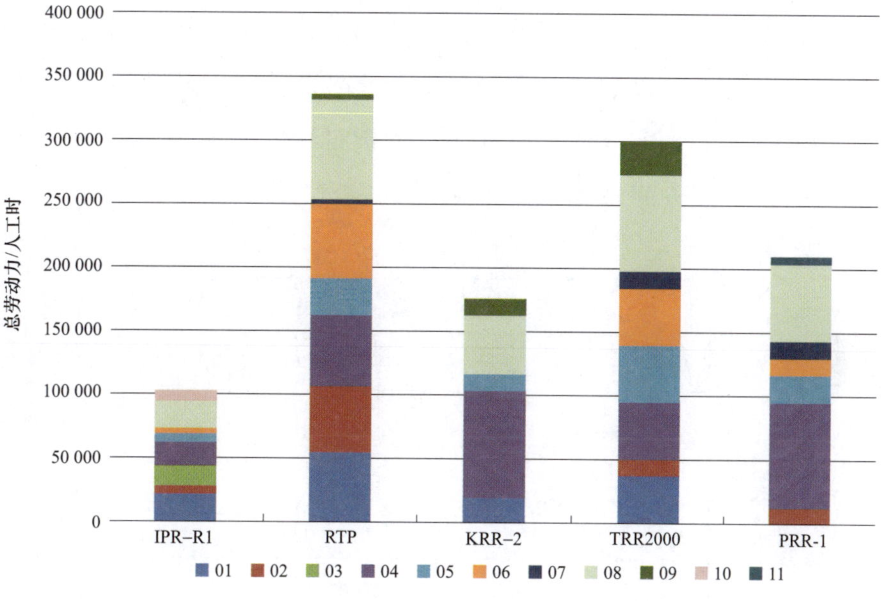

图 6.5　TRIGA 案例 ISDC 第 1 级劳动力分布情况（单位：人工时）

分析：

根据 5 个 TRIGA 反应堆退役经费估算案例，我们可以发现退役总费用主要与 ISDC 第 1 级的以下四个主要活动（01、04、05、08）项相关，如表 6.4 所示。其中，05 项废物处理、暂存和处置比重最大，占总退役成本的三分之一以上，而且在不同估算案例之间差异很大。

表 6.4 费用占比较大的 ISDC 第 1 级的四个主要活动项

ISDC 序号	ISDC 主要活动项	占总费用的平均比重	标准差
01	退役准备活动	11%	9%
04	控制区内拆除活动	20%	5%
05	废物处理、暂存和处置	36%	20%
08	项目管理、工程和现场支持	16%	6%

图 6.6 展示了所分析的 TRIGA 反应堆的退役总费用与热功率的关系。可以看出，退役总费用与反应堆热功率不是简单的线性关系，受其他很多因素和假设影响。KRR-2 反应堆退役总成本高昂的原因是：韩国退役期间进行了几次研发活动；较高的库存估计量；韩国较高的人工费率。RTP 反应堆的相对较高的退役成本分配，是因为马来西亚较高的劳动力费用。TRR2000 反应堆的总退役成本相对较低是基于该项目估算时计划把 D&D 活动交给低劳动力成本的承包商进行。PRR-1 反应堆的退役费用是基于相对较低的人工费率和剩余反应堆混凝土生物屏蔽层的拆除范围较小而确定的。

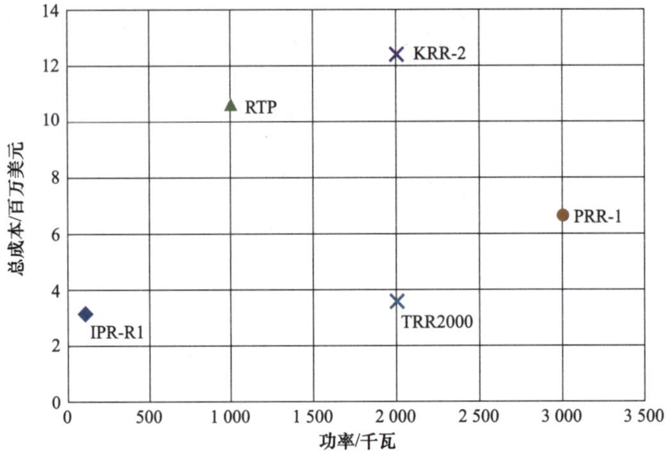

图 6.6 TRIGA 反应堆的退役总成本与热功率的关系

图 6.7 展示了所分析的 TRIGA 反应堆的退役总费用与放射性废物量的关系。可以看出总体的趋势是，退役放射性废物量越多，所需的退役总费用越大。

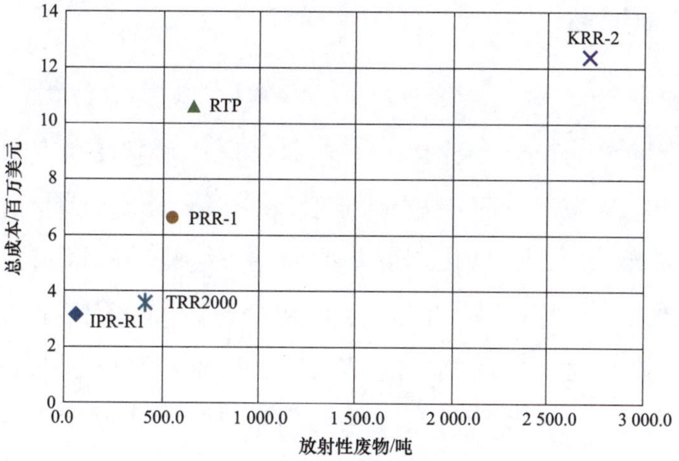

图 6.7　TRIGA 反应堆的退役总成本与废物量的关系

以 KRR-2 反应堆退役案例为参考，对五个主要的输入参数进行敏感性分析，即对输入参数增加和减少 30%再重新估算。这五个输入参数包括：人工费率、废物量（总）、退役工期（ISDC 06&08）、废物管理单位因子（WMUF），以及退役单位因子（DCUF）。图 6.8 显示了 KRR-2 退役经费估算案例的敏感性分析结果。结果表明，退役总费用对人工费率的敏感性最高，废物量（总）次之，按对退役总费用的敏感度排序为：人工费率＞废物量（总）＞WMUF＞工期（ISDC 06&08）＞DCUF。

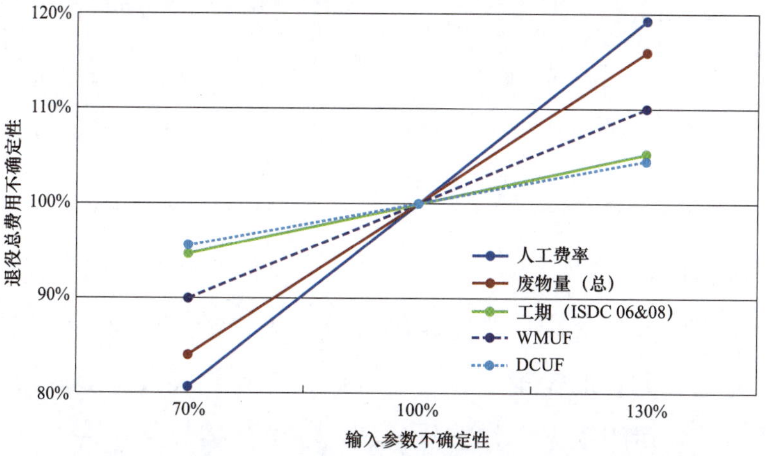

图 6.8　KRR-2 反应堆退役经费估算案例敏感性分析

6.2.2.2　WWR 研究堆

6.2.2.2.1　设施简介

WWR 反应堆（Water-Water Reactor）是苏联水慢化&水冷却型研究堆的最新研发成果之一。WWR 反应堆是池中池（pool-in-tank）式非均质反应堆，使用蒸馏的轻水来起到冷却、慢化和屏蔽的作用。这些反应堆主要是由一些中欧和东欧国家在 1950 年代中期至 1960 年代初期建造的。一些 WWR 反应堆后来进行了翻新，并继续运行，而其他的 WWR 反应堆已被永久关闭，目前正在考虑退役或正在退役。这种反应堆具有结构简单的特点，便于进行实验，建造和运行成本相对较低，安全性和可靠性高。

在本节中，主要对匈牙利和乌克兰的 WWR 反应堆进行退役成本分析，基本信息如表 6.5 所示。WWR-M（乌克兰基辅）和 WWR-SM10（WWER-SM，匈牙利布达佩斯）两个反应堆都是按照标准设计建造的，已经运行了 50 多年。反应堆在运行过程中均未发生任何重大事故和对工作人员、公众或环境造成危害的事件。有关两个反应堆的设计和运行文件被完整保存，技术和放射状况的信息也随时可用。对于这两个反应堆，都采用了立即拆除策略，并计划终态为设施从监管控制中解控。初步的退役计划已经完成，进一步的计划正在进行中。

表 6.5　进行估算的 WWR 研究堆的基本信息

反应堆	运营方（国家、城市）	热功率/MW	启堆时间	目前状态
BRR（WWR-SM10）	原子能研究所（匈牙利，布达佩斯）	10	1959	在运（预计 2023 年关闭）
WWR-M	核研究所（乌克兰，基辅）	10	1960	在运

6.2.2.2.2　估算模型

在进行退役经费估算前，首先要了解设施退役的基本情况，包括但不限于设施特点、退役计划、退役策略、退役终态、退役活动安排等，进而完善估算模型，即将已经确定的数据作为估算依据，并根据估算的深度对未确定的信息做出合理假设。因此，对上一节提到的 WWR 研究堆退役经费估算案例进行更详细的描述和假设。

本报告中考虑的 WWR-M 反应堆和 WWR-SM 反应堆非常相似，与反应堆退役相关的基本特性如表 6.6 所示。

表 6.6　反应堆基本特性

堆型	WWR-M	WWR-SM
运营方	乌克兰国家科学院核研究所	匈牙利科学院能源研究中心
地点	基辅南部	布达佩斯西部
启堆时间	1960	1959
计划最终停堆时间	2024	2023
中子通量	2×10^{14}	2×10^{14}
重大改造	除反应堆容器外，所有反应堆系统均已更换。	1989 年更换反应堆容器。
事故/事件	在运行的 50 多年中，没有发生超过正常运行限制的事件，也没有超过可接受水平的放射性污染。	
放射性源项	反应堆运行产生的大多数放射性核素污染物是 β-γ 发射体。这些是通过 β-γ 计数器和 γ 光谱仪检测和测量的。 ^{137}Cs 是主要的裂变产物。^{60}Co 是活化产物，其中存在少量其他放射性核素，例如 ^{90}Sr、^{125}Sb、^{144}Ce、^{152}Eu、^{65}Zn、^{154}Eu 和 ^{110m}Ag。涂片样品的低水平 α 光谱分析结果表明，铀同位素污染可以忽略不计（～10^{-4} Bq/cm^2）。	
退役计划	最初的退役计划于 2009 年获批；计划在 2016 年之后进行下一次修订。	最初的退役计划在 2005 年制订；计划于 2015 年进行下一次修订。

反应堆主要的系统/设备包括：

（1）装有堆芯的反应堆容器；

（2）控制棒系统和用于控制反应堆参数的系统；

（3）冷却回路（一次和二次）；

（4）主回路的净水系统；

（5）辐射防护系统（生物屏蔽）；

（6）紧急冷却系统；

（7）乏燃料的临时储存水池；

（8）污水处理系统（放射性废液的收集、储存和处理）；

（9）通风和过滤系统，用于正常运行以及发生事故时；

（10）正常运行的电源系统，以及备用电源系统（在出现故障时用）；

（11）辐射控制和防护系统；

（12）放射性废物管理系统；

（13）消防系统；

（14）安保系统（实物保护）。

该反应堆退役拆除阶段的目标是对反应堆系统和部件进行分段和移除，以及移除除反应堆外的所有放射性物质。反应堆系统的拆卸、反应堆堆芯的拆除和旧设备的更换按照常规的退役技术和程序进行，无需进一步的研究和开发需求。

退役拆除策略包括以下步骤：

（1）“自上而下”拆卸，以保持稳定性；

（2）在没有事先切割分段的情况下，尽可能将整个大型部件的拆卸和拆除作为整体进行；

（3）如有必要，对此类组件进行后续分段处理。

退役过程中，有三个主要原则：

（1）拆卸是“逐个房间”地进行，而不是“逐个系统”地进行；

（2）拆卸是从污染程度较小的污染设备到污染程度较大的污染设备；

（3）尽量减少二次放射性废物（固体、液体和气溶胶）。

退役活动按以下步骤进行。

（1）移除反应堆容器，包括：

① 拆除反应堆上部和反应堆大厅中的技术设备；

② 拆除热柱；

③ 拆除热柱的第一个盖盘；

④ 拆除铍反射层；

⑤ 拆除反应堆容器。

（2）拆除主冷却回路，包括：

① 移除热交换器；

② 拆卸主回路组件；

③ 拆除离子交换和电泳过滤器。

（3）拆除乏燃料冷却池。

（4）拆除混凝土生物屏障，包括拆除主回路嵌入式单元。

6.2.2.2.3 案例分析

根据各 WWR 反应堆设施特点以及估算假设，进行了退役经费估算。表 6.7 列出了两座 WWR 反应堆的评估结果情况，对应 ISDC 第 1 级退役主要活动项。图 6.9 比较了 ISDC 第 1 级费用分配情况，图 6.10 比较了 ISDC 第 1 级劳动量分配情况，图 6.11 是比较了各费用类别占总退役费用的情况。

表 6.7 WWR 反应堆 ISDC 第 1 级退役主要活动项费用比较表

ISDC 序号	ISDC 活动项		总计算数据			计算成本类别			
			工作量/人工时	费用/美元	%	劳动力费用/美元	投资/美元	消耗/美元	不可预见费/美元
案例：1. WWR-SM（匈牙利，2013）2. WWR-M（乌克兰，2013）		1	150 343	5 252 926		1 937 921	528 308	1 876 336	910 361
		2	89 687	2 325 826		892 713	868 000	417 000	148 113
01	退役准备活动	1	9 252	210 027	4.0	138 722	7 800	42 791	20 714
		2	5 760	159 772	6.9	65 160	70 000	10 000	14 612
02	设施关闭活动	1	22 445	483 948	9.2	269 531	21 722	89 954	102 741
		2	4 751	92 765	4.0	42 995	10 000	25 000	14 770
03	安全维护期活动	1	0	0	0.0	0	0	0	0
		2	2 340	51 986	2.2	19 260	18 000	10 000	4 726
04	控制区内拆除活动	1	45 061	1 378 977	26.3	608 953	219 752	266 593	283 679
		2	41 314	1 093 230	47	413 126	542 000	64 000	74 087
05	废物处理、暂存和处置	1	33 710	1 298 611	24.7	401 146	141 133	539 897	216 435
		2	16 329	331 057*	14.2	163 293	110 000	42 000	15 765
06	厂址基础设施改造和运行	1	17 280	345 154	6.6	198 435	21 000	68 193	57 526
		2	7 200	120 150	5.2	57 600	28 000	28 000	6 550
07	常规拆除、拆毁和厂址恢复	1	6 557	254 348	4.8	79 642	34 002	106 728	33 976
		2	1 284	70 344	3	12 840	35 000	17 000	5 504
08	项目管理、工程和现场支持	1	8 334	441 319	8.4	135 910	61 900	171 940	71 569
		2	10 710	204 540	8.8	118 440	55 000	21 000	10 100
09	研发	1	7 704	211 018	4.0	105 582	21 000	35 739	48 696
		2	0	0	0	0	0	0	0
10	燃料和核材料	1	0	0	0.0	0	0	0	0
		2	0	0	0	0	0	0	0
11	杂项	1	0	629 525	12.0	0	0	554 500	75 025
		2	0	202 000	8.7	0	0	200 000	2 000
	汇总	1			**100%**	**36.89%**	**10.06%**	**35.72%**	**17.33%**
		2				**38.40%**	**37.30%**	**17.90%**	**6.40%**

*：不包含运输和处置费。

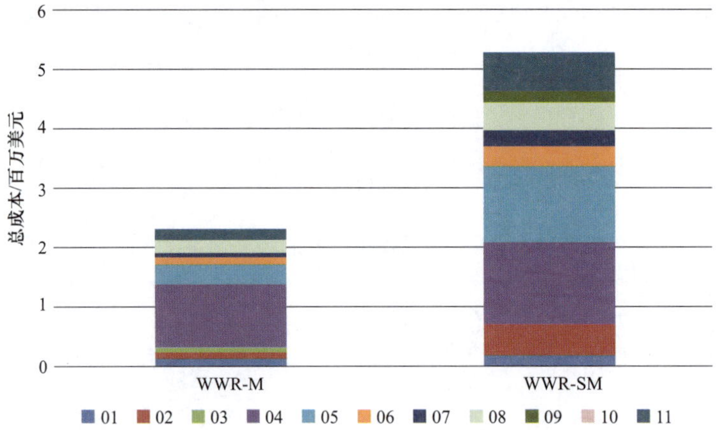

图 6.9　WWR 案例 ISDC 第 1 级费用分布情况（单位：百万美元）

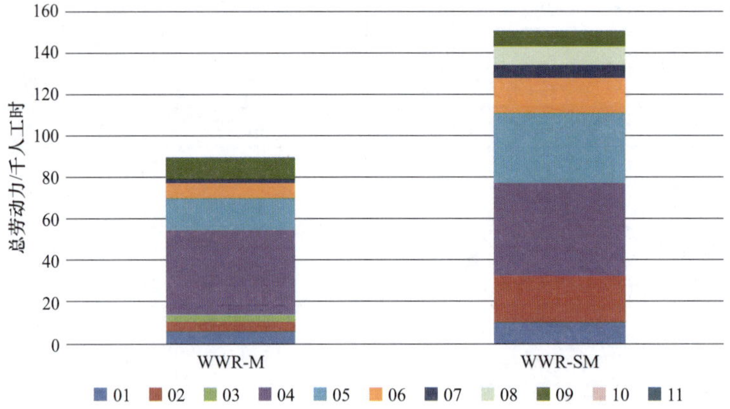

图 6.10　WWR 案例 ISDC 第 1 级劳动力分布情况（单位：千人工时）

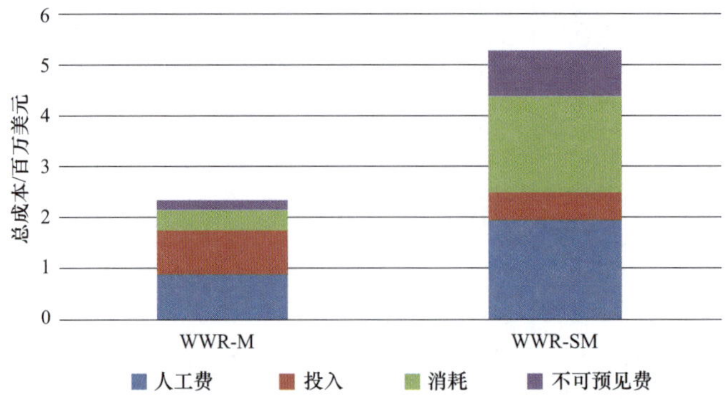

图 6.11　WWR 案例各费用类别占总退役费用的情况（单位：百万美元）

分析：

表 6.7 和图 6.9 给出了两个 WWR 案例 ISDC 第 1 级费用项的估算结果比较。可以看出，WWR-M 反应堆退役总费用远低于 WWR-SM 反应堆退役总费用。需要注意的是，就 WWR-M 反应堆而言，主要活动 05 废物处理、暂存和处置中只包含了在反应堆现场进行放射性废物预处理的费用（30 万美元），不包含运输和处置费用。而对于 WWR-SM 反应堆，主要活动 05 废物处理、暂存和处置中已经包含了放射性废物处置费用（130 万美元）。这是造成两个估算案例费用主要差异的原因。

另一个重大差异涉及退役经费估算中的不可预见费用。不可预见费用分别等于 WWR-M 和 WWR-SM 反应堆总成本的 6.4%和 17.3%。但从绝对意义上讲，偶然性相差一个数量级。WWR-M 反应堆的不可预见费用为 15 万美元，WWR-SM 反应堆的不可预见费用为 90 万美元，如图 6.11 所示。

ISDC 第 1 级主要活动所需劳动力的分布如图 6.10 所示。除主要活动 05 废物处理、暂存和处置外，可以观察到两个案例估算数据密切的一致，尤其是在主要活动 04 控制区内拆除活动，这两个案例之间的差异仅为 8%。

与退役总费用相关的 ISDC 主要活动是主要活动 04 控制区内拆除活动和 05 废物处理、暂存和处置。对于 WWR-M 和 WWR-SM，ISDC 04 和 05 两项活动的总和分别占总成本的 61%和 50%，占总劳动力的 64%和 52%。

以 WWER-SM 反应堆退役案例为参考，对五个主要的输入参数进行敏感性分析，即对输入参数增加和减少 30%再重新估算。这五个输入参数包括：人工费率、废物量（总）、退役工期（ISDC 06&08）、废物管理单位因子（WMUF），以及退役单位因子（DCUF）。图 6.12 显示了 WWER-SM 退役经费估算案例的敏感性分析结果。结果表明，退役总费用对人工费率的敏感性最高，废物量（总）次之，按对退役总费用的敏感度排序为：人工费率＞废物量（总）＞DCUF＞工期（ISDC 06&08）＞WMUF。

当假定参数数值增加 30%时，两个 WWR 反应堆的五个最敏感参数的比较如图 6.13 所示。该图表明两个 WWR 案例的共性，即退役总成本对假定的人工费率敏感性最高，敏感性第二高的参数是废物量（总），其他评估的参数都显示出较低的敏感度。

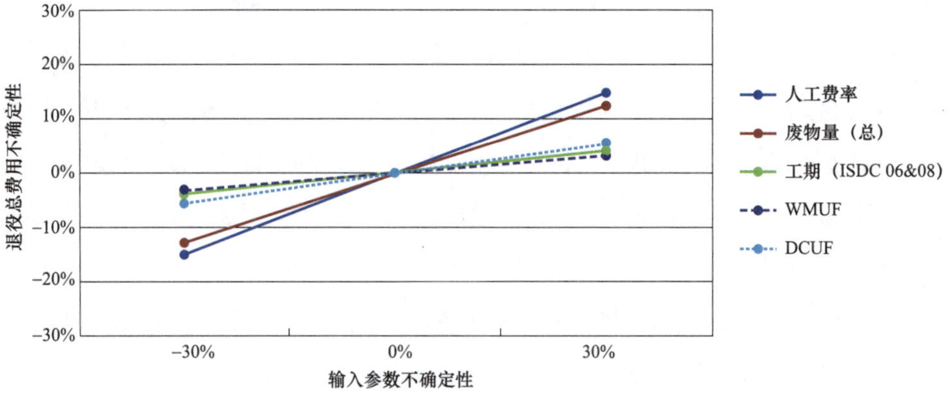

图 6.12　WWER-SM 反应堆退役经费估算案例敏感性分析

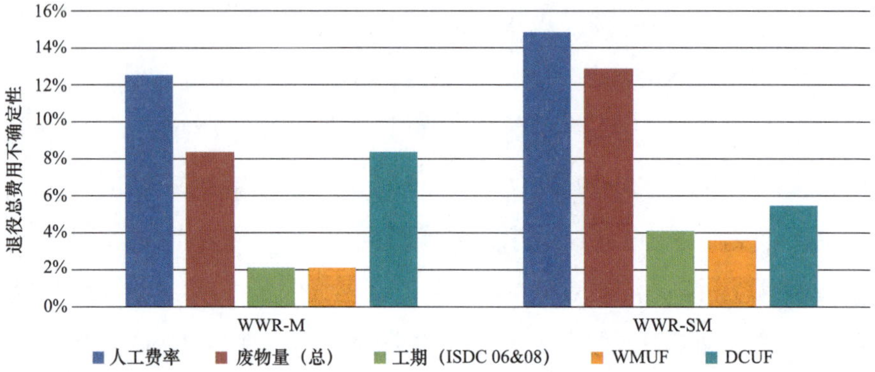

图 6.13　两座 WWR 反应堆退役经费估算案例敏感性分析（输入参数为+30%时）

6.2.2.3　开放池式研究堆

6.2.2.3.1　设施简介

开放池式反应堆是一种核研究反应堆，堆芯由燃料元件和控制杆组成，浸入在开放式水池中。由于其结构简单、易于建造，早期的研究堆多为这种类型。水充当中子慢化剂、冷却剂和辐射屏蔽层。直接位于反应堆堆芯上方的水层完全屏蔽了辐射，因此操作员可以在反应堆上方安全地工作。这种设计有两个主要优点：反应堆易于接近，并且整个主要冷却系统（即池水）处于常压下。这避免了核电厂的高温和高压情况。池式反应堆被用作中子源并用于训练，在极少数情况下用于发热但不用于发电。

在本节中，主要对几座开放池式反应堆进行退役成本分析，基本信息如

表 6.8 所示。其中，一些反应堆正在退役中或已完成退役；而其他反应堆虽均未进行退役，但已有初步/更高级的退役计划为成本估算提供了费用数据。

表 6.8　进行估算的开放池式研究堆的基本信息

反应堆	运营方 （国家、城市）	热功率 /MW	运行时间	目前状态
Astra	奥地利研究中心 ARCS （奥地利，塞伯斯多夫）	10	1960—1999	已退役
DR-2	里索国家实验室 （丹麦）	5	1958—1975	已退役
GRR-1	国家科学研究中心 （希腊，雅典）	5	1961—2004	延期关闭
JEN-1	CIEMAT （西班牙，马德里）	3	1958—1987	已退役
Apsara	巴巴原子研究中心 （印度，孟买）	1	1956—2009	部分退役
Tammuz-2	科学技术部 MoST （伊拉克，巴格达）	0.5	1980—1990	重大事故， 正在退役
Siloëtte	CEA （法国，格勒诺布尔）	0.1	1964—2002	已退役

6.2.2.3.2　估算模型

在进行退役经费估算前，首先要了解设施退役的基本情况，包括但不限于设施特点、退役计划、退役策略、退役终态、退役活动安排等，进而完善估算模型，即将已经确定的数据作为估算依据，并根据估算的深度对未确定的信息做出合理假设。因此，需要对上一节提到的开放池式研究堆退役经费估算案例进行更详细的描述和假设。不同的是开放池式研究堆存在一定的差异性，导致退役计划、退役活动安排等都可能存在较多差异。此处不逐一展开描述，但在估算时已经进行了详细区分和研究。

下面以希腊 GRR-1 反应堆为例，简单介绍其设施特点、退役计划等信息。

GRR-1 反应堆（见图 6.14）是 AMF Atomics 设计的热功率为 5 MW 的开

池式轻水慢化冷却非均质反应堆。它位于雅典的国家科学研究中心“Demokritos”（NCSR“D”）校园内。

该反应堆于1961年6月首次达到临界状态。自1964年4月以来，该反应堆以1 MW热功率运行，并于1971年将其升级为5 MW。1990年，通过用铍部分替换反应堆堆芯的水反射器，对GRR-1反应堆进行了进一步升级。在2004年雅典奥运会期间，出于安全原因将它关闭，并将燃料组件移至乏燃料存储池中。2007年，作出了关于反应堆翻新和现代化的决定，主要涉及更换一次冷却系统。自2014年7月以来，GRR-1反应堆一直处于长期关闭状态。在反应堆运行期间，未发生任何具有放射性后果的事件或事故。

图6.14　希腊GRR-1反应堆（图片由DEMOKRITOS国家科学研究中心提供）

该反应堆是带有不锈钢衬里的混凝土结构。反应堆堆芯由34个燃料组件组成，由铝栅板支撑，可容纳6×9堆芯元件。通过五个由Ag-Cd-In合金组成的控制棒进行反应器控制。反应堆的主要实验设备是六个束管，用于在反应堆芯和石墨热柱上辐照样品。GRR-1池冷却系统配备了三个延迟箱、两个热交换器和三个泵。二级冷却系统有两个冷却塔。垂直和水平剖面如图6.15所示。

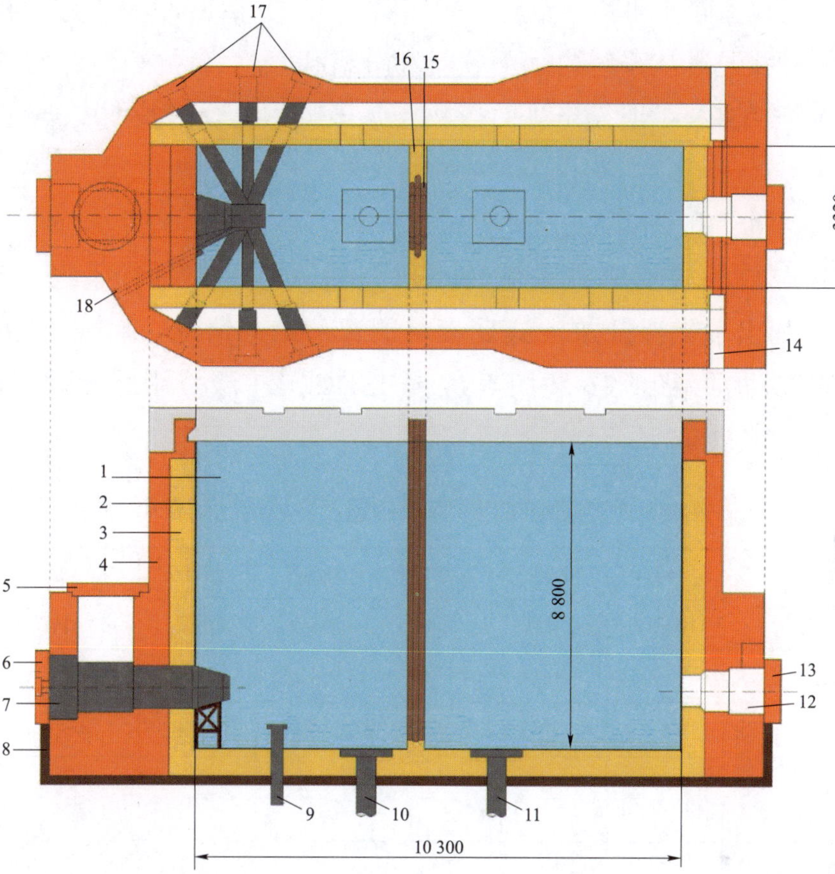

1—去离子水；2—不锈钢内胆；3—预应力混凝土；4—重晶石混凝土；5—热柱顶盖；6—导热柱门；7—石墨；8—铅外套；9—冷却水出水口；10&11—冷却水入口；12—干燥辐照室；13—干燥辐照室门；14—检修部分；15—铝制闸门；16—隔墙；17—束管；18—热柱

图 6.15　希腊 GRR-1 反应堆水池垂直和水平剖面图

（图片由 DEMOKRITOS 国家科学研究中心提供）

该反应堆的退役策略是在不拆除生物屏蔽的情况下移除所有活化和受污染的部件。根据与美国能源部达成的协议，乏燃料在 2019 年被装运送往美国管辖范围。该反应堆大楼将在核能领域重复使用。最后对建筑结构和材料进行清洁解控。

GRR-1 原工作人员执行所有退役任务。通过使用原位伽马能谱法对一次冷却系统进行了拆卸前的放射学表征，并对格栅板、控制棒和铍块进行了中子计算。已拟定、审查和批准了拆除主冷却系统部分的退役计划。从反应堆池中取出六根束管、控制杆、铍反射器块和有源堆芯支撑组件（格栅板、气室等），并转移到乏燃料存储池和其他带屏蔽的存储结构中。然后，排空反应堆池以及池冷却系统，并通过从系统内表面收集和分析代表性样品来完成池冷却系统的放射性表征。GRR-1 退役产生的废物会基于废物处置的长期安全性进行分类考虑。

6.2.2.3.3 案例分析

根据各开放池式反应堆设施特点以及估算假设，进行了退役经费估算。表 6.9 列出了七座开放池式反应堆的评估结果情况，对应 ISDC 第 1 级退役主要活动项。图 6.16 和图 6.17 是 ISDC 第 1 级费用分配和劳动力分布情况。

表 6.9 开放池式反应堆 ISDC 第 1 级退役主要活动项费用比较表

ISDC 序号	ISDC 活动项	Astra	DR2	GRR-1	JEN-1	Apsara	Tammuz-2	Siloette
		10MW	5MW	5MW	3MW	1MW	0.5MW	0.1MW
01	退役准备活动	494 900	—	456 287	3 954 362	143 621	—	124 399
02	设施关闭活动	—	—	307 873	—	119 482	—	56 535
03	安全维护期活动	—	—	—	—	—	—	—
04	控制区内拆除活动	6 311 381	6 610 870	331 595	3 722 609	805 998	79 191	2 752 020
05	废物处理、暂存和处置	5 655 247	—	470 328	693 923	60 000	1 484 920	643 852
06	场址基础设施改造和运行	3 619 297	—	985 600	1 857 427	240 217	—	2 507 460
07	常规拆除、拆毁和场址恢复	—	—	—	420 221	493 474	1 816 649	—
08	项目管理、工程和现场支持	5 898 558	—	1 388 073	1 019 345	639 470	—	1 644 950
09	研发	—	—	130 694	—	—	—	—
10	燃料和核材料	1 544 335	—	—	—	88 615	—	—
11	杂项	—	—	—	—	-78 799	—	768 453
	总费用/美元	**23 523 718**	**6 610 870**	**4 070 450**	**11 667 886**	**2 512 078**	**3 380 760**	**8 497 669**

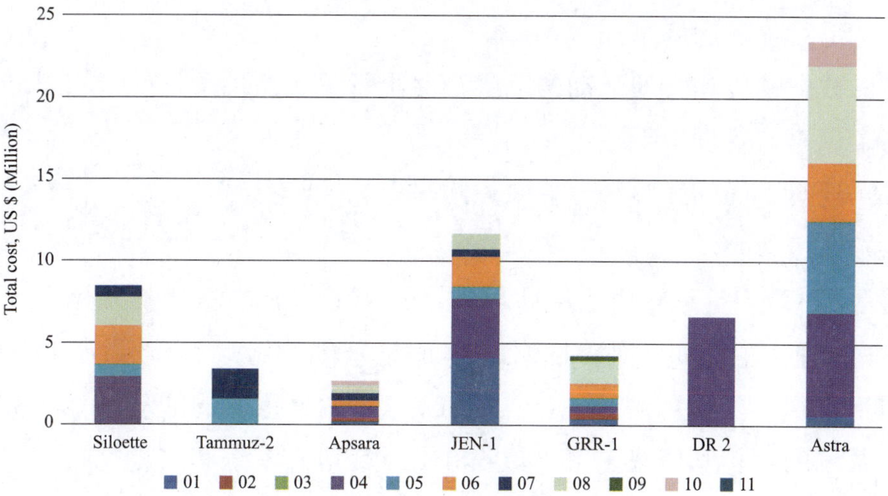

图 6.16　开放池式反应堆 ISDC 第 1 级费用分布情况（单位：百万美元）

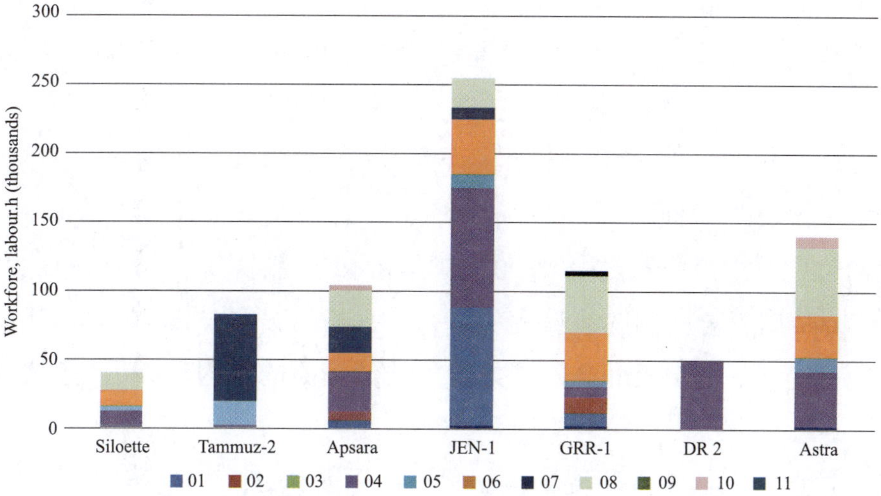

图 6.17　开放池式反应堆 ISDC 第 1 级劳动力分布情况（单位：人工时）

分析：

通过估算的图表，可以看出虽然堆型同为开放池式反应堆，但不同的设施之间退役经费估算结果差异还是很大的，原因主要是这些反应堆退役案例本身存在很多差异，这对总成本有重要影响：

（1）反应堆具体设计和相关物项清单；

（2）退役项目的范围；

（3）不同反应堆的运行历史；

（4）退役项目的终态；

（5）放射性废物管理活动的范围、废物管理策略；

（6）国家监管框架；

（7）退役方面的经验和专业知识水平；

（8）人工费率。

通常，对费用贡献较大的活动项是：ISDC 04（控制区内拆除活动）、ISDC 05（废物处理、暂存和处置）、ISDC 06（厂址基础设施改造和运行）以及 ISDC 08（项目管理、工程和现场支持）。ISDC 04 中最重要的活动是 04.0500（拆除主要系统的结构和组件）和 04.0600（拆除其他系统和组件）。由于研究堆的退役范围较小，涉及退役物项、人力、社会环境因素等较少，某个/某几个特定的单项退役费用对总费用的贡献，将在很大程度上取决于该项目的整体退役费用。

拆除和场地恢复活动费用可以通过 ISDC 04+07 的费用体现出来。对于 GRR-1 案例，ISDC 04+07 的费用占总费用的比例为 8.1%，而其他案例 ISDC 04+07 的费用占比为 26.8%～51.7%，导致 GRR-1 该类费用估值低的原因是其总废物量中没有生物屏蔽层。

废物管理费用可以通过 ISDC 05 的费用体现出来。对于 Tammuz-2 案例，ISDC 05 的费用占总费用的比例为 43.9%，而其他案例 ISDC 05 的费用占比为 2.4%～24.0%，导致 Tammuz-2 该类费用估值较高的原因是该项目的退役范围较大。

项目管理、工程支持和现场运营费用可以能通过 ISDC 06+08 的费用体现出来。这类费用的主要影响因素是人工费和项目工期。在研究的案例中估算结果中能体现出此规律。

对人工费率、废物量（总）、退役工期（ISDC 06&08）、废物管理单位因子（WMUF），以及退役单位因子（DCUF）这五个参数，进行敏感性分析，即对输入参数增加和减少 30%再重新估算。图 6.18、图 6.19 和图 6.20 分别显示了 Siloëtte、Apsara 和 Astra 反应堆退役经费估算案例的敏感性分析结果。图 6.21 是在输入参数为+30%时，开放池式反应堆退役经费估算敏感性分析结果。

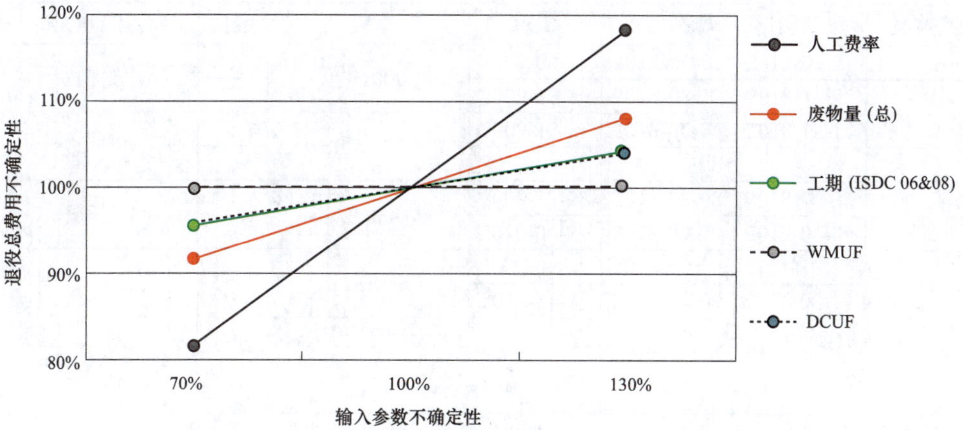

图 6.18　Siloëtte 反应堆退役经费估算案例敏感性分析

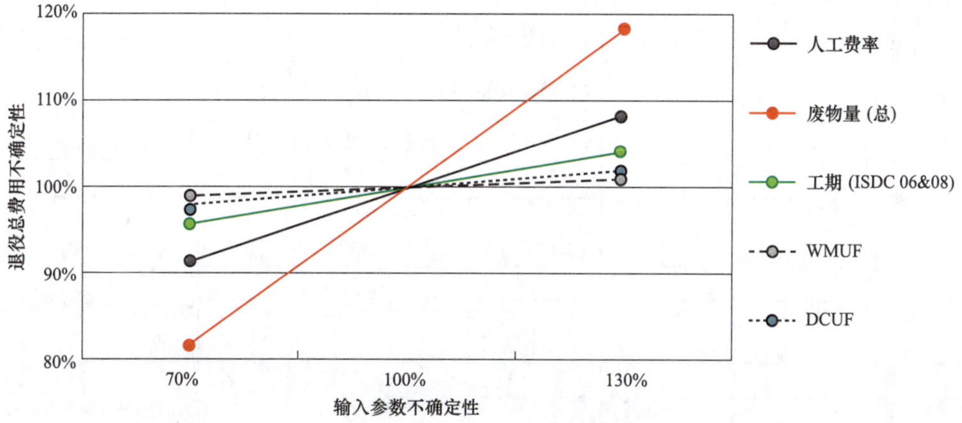

图 6.19　Apsara 反应堆退役经费估算案例敏感性分析

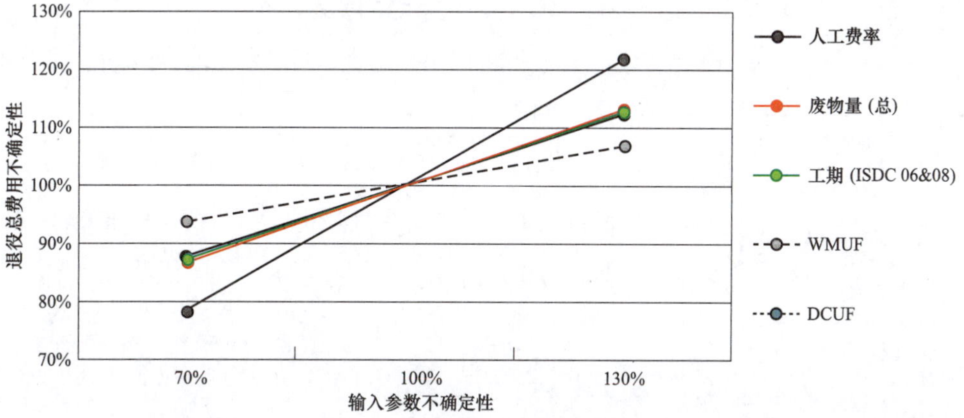

图 6.20　Astra 反应堆退役经费估算案例敏感性分析

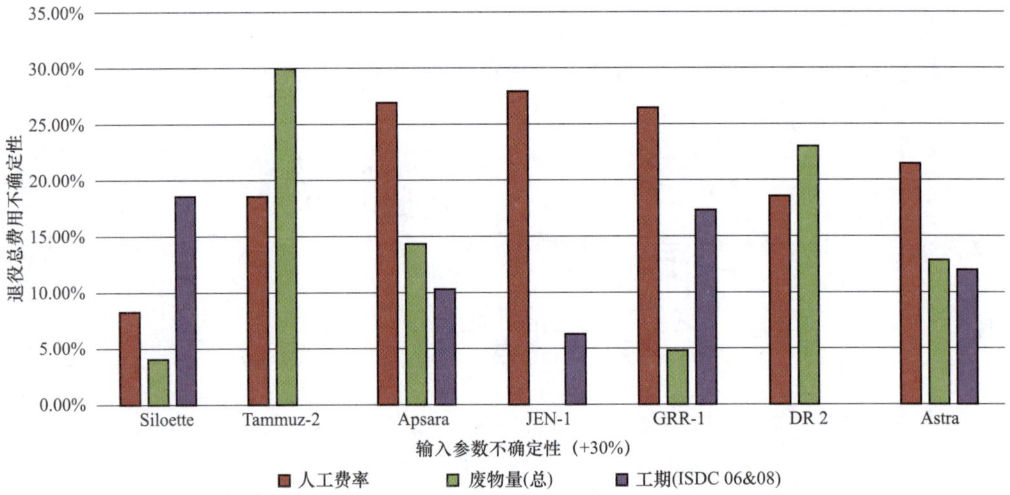

图 6.21　开放池式反应堆退役经费估算案例敏感性分析（输入参数为+30%时）

从敏感性分析可以得出几个显然的结论：

（1）每个案例对同一个参数的敏感性行为可能有所不同。

（2）除 Siloëtte 和 Tammuz-2 和 DR 2 案例外，人工费率的不确定性对总成本的不确定性影响最大；在 Astra 案例中，WMUF 的不确定性对退役总费用的不确定性有更大的影响，因为该案例进行了包括 ILW、LLW 和 VLLW 类型的放射性废物全面废物管理活动（预处理、处理和处置）；在 Siloëtte 和 Astra 案例中，DCUF 的不确定性对退役总费用的不确定性有更大的影响；废物量（总）的不确定性是 Tammuz-2 和 DR 2 案例的最重要因素；退役工期（ISDC 06&08）的不确定性对 Siloëtte 的退役总费用影响最大，反映了与时间有关的成本占主导地位（由于物项少、废物总量低）和高劳动力成本。

（3）为了减少退役总费用估算时的误差，应尽量减少那些对退役总成本不确定性影响最大的输入参数的不确定性。

6.3　商用核电厂

6.3.1　总体情况

核电厂的种类有许多，不同种类的核电厂因设施的技术特点不同，往往退役所需的经费也相差很大。研究核电厂退役经费时，需要特别注意其堆型。通常用反应堆中用来降低中子运动速度的慢化剂对反应堆的类型进行命名。用轻水（H_2O）作慢化剂的反应堆叫轻水堆；用重水（D_2O）作慢化剂的叫重水堆；用石墨慢化剂的叫石墨堆。此外，轻水堆又可以按照反应堆内水的状态分为沸水堆和压水堆，沸水堆中水的状态是沸腾形式，而压水堆则是对水加以高压而使高温水保持液态。除了以上几种，还有不对中子进行慢化的核反应堆叫作快中子增殖堆，简称快堆。这些不同种类的核反应堆除了中子的速度不一样以外，对核燃料的利用效率也不同和核燃料的要求也不同。

在 IAEA《Nuclear Power Reactors in the World 2020 Edition》报告中，统计了包括计划建造、在建、在运、长期关闭、永久关闭、在退役或完成退役的所有核电厂基本信息。报告中指出截止至 2019 年 12 月 31 日，在运核电厂 443 座，在建 54 座，永久关闭 186 座，计划建造 78 座，150 座正在退役或完成退役。预计 2030—2050 年国际上将出现退役高峰，退役市场巨大。此外，报告把核电厂分为六种类型：压水堆（PWR）、沸水堆（BWR）、气冷堆（GCR）、重水堆（PHWR）、石墨堆（LWGR）、快中子增殖堆（FBR）。全球范围内，在运和在建的核电厂不同类型数量占比如表 6.13 所示。而中国大陆地区核电厂统计数据如表 6.14 所示。

表 6.13　全球在运和在建的核电厂不同类型数量占比（截止至 2019 年 12 月）

核电厂类型	在运		在建	
	数量/座	发电量/MW	数量/座	发电量/MW
PWR	300	284 211	44	48 998
BWR	65	65 604	4	5 253
GCR	14	7 725	1	470
PHWR	48	23 875	4	2 520
LWGR	13	9 283	-	—
FBR	3	1 400	1	200
汇总	**443**	**392 098**	**54**	**57 441**

表 6.14　中国大陆核电厂统计（截止至 2020 年 11 月）

编号	核电厂名称	机组	型号	FCD	首次临界	机组商运	2020 堆年
1	秦山核电厂	1	CNP300	1985-03-20	1991-12-15	1994-04-01	26
2	大亚湾核电厂	1	M310	1987-08-07	1993-07-28	1994-02-01	26
		2	M310	1988-04-07	1994-01-21	1994-05-07	26
3	秦山第二核电厂	1	CNP600	1996-06-02	2001-12-28	2002-04-15	18
		2		1997-03-23	2004-02-25	2004-05-03	16

续表

编号	核电厂名称	机组	型号	FCD	首次临界	机组商运	2020 堆年
3	秦山第二核电厂	3		2006-04-28	2010-07-13	2010-10-05	10
		4		2007-01-28	2011-11-12	2012-04-08	8
4	岭澳核电厂	1	CPR1000	1997-05-15	2002-02-04	2002-05-28	18
		2		1997-11-28	2002-08-27	2003-01-08	17
		3		2005-12-15	2010-06-10	2010-09-15	10
		4		2006-06-15	2011-02-24	2011-08-07	9
5	秦山第三核电厂	1	CANDU 6	1998-06-08	2002-09-21	2002-12-31	18
		2		1998-09-25	2003-04-29	2003-07-24	17
6	田湾核电厂	1	AES-91（VVER-1000）	1999-10-20	2005-12-20	2007-05-17	13
		2		2000-10-20	2007-05-01	2007-08-16	13
		3		2012-12-27	2017-09-30	2018-02-15	2
		4		2013-09-27	2018-09-30	2018-12-22	2
		5	CNP1000+	2015-12-27	2020-07-27	2020-09-08	0
		6		2016-09-07			
7	红沿河核电厂	1	CPR1000	2007-08-18	2013-01-16	2013-06-06	7
		2		2008-03-28	2013-10-24	2014-05-13	6
		3		2009-03-07	2014-10-24	2015-08-16	5
		4		2009-08-15	2016-03-05	2016-09-19	4
		5	ACPR1000	2015-03-29			
		6		2015-07-24			
8	宁德核电厂	1	CPR1000	2008-02-18	2012-11-23	2013-04-15	7
		2		2008-11-12	2013-12-21	2014-05-04	6
		3	CPR1000+	2010-01-08	2015-03-08	2015-06-10	5
		4		2010-09-29	2016-03-15	2016-07-21	4
		5	HPR1000（“华龙一号”，合）				
		6					
9	福清核电厂	1	CNP1000	2008-11-21	2014-07-24	2014-11-22	6
		2		2009-06-17	2015-07-22	2015-10-16	5
		3		2010-12-31	2016-07-03	2016-10-24	4
		4		2012-11-17	2017-07-16	2017-09-17	3
		5	HPR1000（“华龙一号”，中）	2015-05-07	2020-10-21	2020-11-27	0
		6		2015-12-22			
10	阳江核电厂	1	CPR1000	2008-12-16	2013-12-23	2014-03-25	6
		2		2009-06-04	2015-03-02	2015-06-05	5
		3		2010-11-15	2015-10-11	2016-01-01	4
		4		2012-11-17	2016-12-30	2017-03-15	3
		5	ACPR1000	2013-09-18	2018-05-16	2018-07-12	2
		6		2013-12-23	2019-06-22	2019-07-24	1
11	方家山核电厂	1	CNP1000	2008-12-26	2014-10-21	2014-12-15	6
		2		2009-07-17	2014-12-25	2015-02-12	5

续表

编号	核电厂名称	机组	型号	FCD	首次临界	机组商运	2020 堆年
12	三门核电厂	1	AP1000	2009-04-19	2018-06-21	2018-09-21	2
		2		2009-12-15	2018-08-17	2018-11-05	2
13	台山核电厂	1	EPR-1750	2009-12-21	2018-06-06	2018-12-13	2
		2		2010-04-15	2019-05-28	2019-09-07	1
14	海阳核电厂	1	AP1000	2009-12-28	2018-08-08	2018-10-22	2
		2		2010-06-21	2018-09-29	2019-01-09	2
15	昌江核电厂	1	CNP650	2010-04-25	2015-10-12	2015-12-25	5
		2		2010-11-21	2016-06-09	2016-08-12	4
		3	HPR1000（“华龙一号”，中）				
		4					
		5	ACP100（“玲龙一号”）				
16	防城港核电厂	1	CPR1000	2010-07-30	2015-10-13	2016-01-01	4
		2		2010-12-28	2016-06-29	2016-10-01	4
		3	HPR1000（“华龙一号”，广）	2015-12-24			
		4		2016-12-23			
17	石岛湾核电厂	1	HTR-PM	2012-12-09			
18	霞浦示范快堆	1	CFR600	2017-12-29			
19	国核示范核电厂	1	CAP1400（“国和一号”）	2019-04-06			
		2		2019-11-01			
20	漳州核电厂	1	HPR1000（“华龙一号”，中）	2019-10-16			
		2		2020-09-04			
21	太平岭核电厂	1	HPR1000（“华龙一号”，广）	2019-12-26			
		2		2020-10-15			
22	三澳核电厂	1	HPR1000（“华龙一号”，广）				
		2					
总计	**22**	**70**	**19**	**65**	**49**	**49**	总计：**371** 压水堆：**336**

注：

1. 核电厂顺序按一号机开工日期（用黑体字表示）排列。
2. 核电机组共有 19 种型号，见下。除用括号注明堆型者外，都是压水堆。
3. 中核集团：CNP300，CNP600，CNP650，CNP1000，CNP1000+，HPR1000（中），CFR600（快堆）。
4. 中广核：CPR1000，CPR1000+，ACPR1000，HPR1000（广）。
5. 其他国产：HPR1000（合），CAP1400（“国和一号”，国电投），HTR-PM（高温气冷堆，清华大学）。HPR1000（“华龙一号”）后面括号里的“中”表示是中核的设计，“广”表示是中广核的设计，“合”表示是两家设计的融合方案。
6. 进口：M310（法国），CANDU6（重水堆，加拿大），AES-91（VVER-1000，俄罗斯），AP1000（美国），EPR-1750（欧洲）。
7. 47 台运行机组总的额定装机容量（电功率）约 48 731.16 MW。
8. 福建霞浦建设的 600 MW 示范快堆核电厂 2017/12/29 已经浇灌第一罐混凝土，但由于尚未拿到建造许可，不算正式开工，只算前期土建工程。核安全局的核电厂地图没有标明。

从表 6.13 和表 6.14 可得，无论是全球范围内还是在中国，在运和在建的压水堆的数量是最多的，沸水堆和重水堆次之。所以，根据目前商用核电厂情况，我国应重点关注压水堆的退役。

目前，世界核能大国逐步积累核电厂退役的经验，许多经验与教训值得参考借鉴，但是目前拥有完整拆除核电厂实际经验的仅有美国、德国、日本三国，这也侧面说明了核电厂退役仍是世界上核电工程项目的难点。美国退役反应堆数量大、堆型多，如 Maine Yankee 和 Trojan 商用压水堆核电厂分别于 2005 年和 2006 年完成退役，Sandra Onofre 核电厂 1 号机组处于延缓退役状态。德国由于政策原因，绝大多数核电厂停闭并准备退役，其中三个反应堆已完成退役并恢复到绿地。日本目前有十几座商用核电厂处于退役阶段，退役周期大多在 30 年左右，唯一完成退役的 JPDR 堆是动力示范堆，整个退役周期约 15 年，日本最老的商用核电厂东海核电厂 1 号机组正在退役。其他的一些国家，如英国、法国、加拿大、芬兰、意大利、瑞典等，都有核电厂处于退役阶段。这些国家的退役经费估算经验可以借鉴。

相较于研究堆，商用核电厂的退役经费估算难度更大。这是由于商用核电厂影响因素多、涉及退役资金量大、周期长而导致的。另外，一般退役相关数据都是归核电厂运营方或专门的退役责任方所有，属于商业秘密，一般只能获得比较简略的数据，难以获取更详细的退役估算数据，这使得我国针对商用核电厂在退役费用方面的研究发展较缓慢。

本节主要内容包括对国外核电厂的退役案例费用估算进行系统研究并利用软件对国外某典型百万千瓦级压水堆进行了数据分析。

6.3.2 国外几个核电厂退役经费案例

6.3.2.1 基本情况

调研得到的退役案例主要分为两类：一类是美国退役核电厂，由于美国核电厂应用早、数量多，积累了许多经验数据和大量技术报告，但难以获得其数据；另一类是欧洲各国核电厂，欧洲的核电厂退役费用数据大多可以通过 IAEA、OECD 等技术报告获得，这些数据比较公开透明。本书第 3.3.1 节“大项退役环节的成本数据”中已列举了欧洲各国退役核电厂的数据和分析，这些欧洲各国退役核电厂名单如表 6.15 所示。因此，本章节不再重复描述，6.3.2.2 节主要对美国的核电厂退役案例数据进行分析处理。

表 6.15　欧洲各国部分退役核电厂案例

国家	名字	代码	类型	机组数	电功率/MW
西班牙	José Cabrera	ES-P1	PWR	1	160
西班牙	Generic-ESP	ES-P2	PWR	1	1 066
瑞士	Generic-CH	CH-P1	PWR	1	1 000
法国	Generic-FR	FR-P1	PWR	4	3 600
西班牙	S M Garona	ES-B1	BWR	1	466
西班牙	Generic-ESB	ES-B2	BWR	1	1 092
瑞典	Oskarshamn	SE-B1	BWR	3	2 576
芬兰	Loviisa	FI-V1	VVER-213	2	976
斯洛伐克	Bohunice	SK-V1	VVER-230	2	880

注：这些核电厂退役案例的费用分析请参考第 3.3.1 节。

6.3.2.2　估算模型

通过调研，了解到美国 PNNL 主要对以下核电厂进行退役经费估算分析研究：

（1）La Salle unit 1（缩写 LS U1，堆型 BWR，电功率 1 138 MW）；

（2）La Salle unit 2（缩写 LS U2，堆型 BWR，电功率 1 150 MW）；

（3）Comanche Peak unit 1（缩写 CP U1，堆型 PWR，电功率 1 084 MW）；

（4）Comanche Peak unit 2（缩写 CP U2，堆型 PWR，电功率 1 124 MW）；

（5）Duane Arnold（缩写 DA，堆型 BWR，电功率 581 MW）；

（6）Kewaunee（缩写 KW，堆型 PWR，电功率 556 MW）；

（7）Haddam Neck Plant（缩写 HNP，堆型 PWR，电功率 619 MW）；

（8）Main Yankee（缩写 MY，堆型 PWR，电功率 900 MW）；

（9）Trojan NPP（缩写 TNP，堆型 PWR，电功率 1 130 MW）；

（10）Rancho Seco NPP（缩写 RS，堆型 PWR，电功率 913 MW）。

假设所有这些核电厂都是采用立即拆除的退役策略，退役终态均为无限制开放使用。退役活动的具体安排和详细估算数据并未公开。其中，这些核电厂当中有部分是已经完成退役的（Haddam Neck NPP、Main Yankee NPP、Trojan NPP、Rancho Seco NPP），这些核电厂使用的是真实的费用数据，而其他核电厂仍处于在运或正在退役阶段，使用的是估算数据。

6.3.2.3 案例分析

美国 PNNL 在 2011 年提供了基于工作分解结构（WBS）的退役成本估算数据，数据由两家不同的公司 Thomas LaGuardia（TLG）和 Energy Solutions（ES）提供。并于 2013 年尝试将该数据转换成为基于国际退役成本估算结构（ISDC）的退役成本估算数据。

基于 ISDC 的商用核电厂退役成本估算数据如表 6.16 所示，表中数据已经转换为 2013 年的币值，给出了 ISDC 第 1 级的费用项数据。图 6.30 是商用核电厂 ISDC 第 1 级退役主要活动项费用比较图。为了更好地对比数据，对数据进行处理，把 ISDC 04+07、ISDC 05 和 ISDC 06+08 提取出来并合并，得到表 6.17 和图 6.31。此外，PNNL 还给出了 TLG 和 ES 公司关于立即拆除和延缓拆除的商用核电厂 ISDC 第 1 级退役费用百分比，如表 6.18 所示。

虽然样本有限，但也能看出沸水堆 BWR 退役所需要的费用普遍高于压水堆 PWR 退役所需费用，这是综合多方面因素导致的结果。相较于沸水堆，压水堆核电厂因其功率密度高、结构紧凑、安全易控、技术成熟、造价和发电成本相对较低等特点，成为目前国际上最广泛采用的商用核电堆型，占轻水堆核电机组总数的 3/4。未来压水堆商用核电厂退役必将成为核电领域的研究重点、难点，而退役经费估算研究也并非短时间就能完成的，需要不断完善框架结构，长期积累数据、总结经验。

表 6.16 商用核电厂 ISDC 第 1 级退役主要活动项费用比较表

费用单位：千元（2013 年）美元

立即退役	核电厂	LS U1	LS U2	CP U1	CP U2	DA	KW	HNP	MY	TNP	RS
ISDC	堆型	BWR	BWR	PWR	PWR	BWR	PWR	PWR	PWR	PWE	PWR
	电功率/MW	1 138	1 150	1 084	1 124	581	556	619	900	1 130	913
01	退役准备活动	18.9	7.9	16.1	6.9	13.9	10.8	18.0	0.0	0.0	19.3

续表

立即退役	核电厂	LS U1	LS U2	CP U1	CP U2	DA	KW	HNP	MY	TNP	RS
02	设施关闭活动	21.3	16.3	20.4	16.6	56.0	38.0	69.0	5.1	1.7	6.0
03	安全维护期活动	0.0	0.0	0.0	0.0	0.0	0.0	0.0	0.0	0.0	0.0
04	控制区内拆除活动	107.4	118.3	59.7	77.3	97.9	67.2	322.5	109.0	53.4	62.7
05	废物处理、暂存和处置	134.4	139.7	120.5	125.3	136.2	82.9	124.6	125.1	44.3	69.1
06	厂址基础设施改造和运行	101.6	119.9	79.3	117.7	179.5	114.4	145.4	70.5	44.7	102.2
07	常规拆除、拆毁和厂址恢复	44.7	63.9	28.4	63.2	28.2	15.3	72.1	96.6	46.4	44.3
08	项目管理、工程和现场支持	167.1	178.1	135.3	159.8	110.4	96.4	223.6	108.5	68.8	157.1
09	研发	0.0	0.0	0.0	0.0	0.0	0.0	0.0	0.0	0.0	0.0
10	燃料和核材料	0.0	0.0	0.0	0.0	0.0	0.0	0.0	0.0	0.0	0.0
11	杂项	21.3	17.6	12.3	8.7	26.5	35.3	22.0	42.7	0.0	14.5
汇总	**退役费用（2013）**	**617**	**662**	**472**	**575**	**649**	**460**	**997**	**558**	**259**	**475**
	除退役费用外：乏燃料管理费用（2013）	110.1	116.6	105.9	103.0	191.9	161.7	148.6	152.5	274.6	98.3

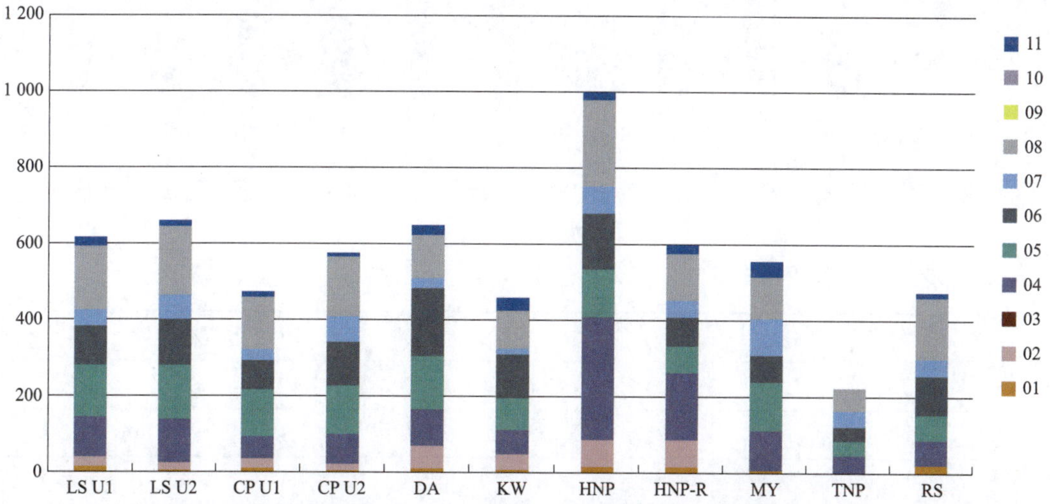

图 6.30 商用核电厂 ISDC 第 1 级退役主要活动项费用比较图

表 6.17　商用核电厂 ISDC 04+07、ISDC 05 和 ISDC 06+08 退役活动项费用比较表

费用单位：千元（2013 年）美元

立即退役	核电厂	LS U1	LS U2	CP U1	CP U2	DA	KW	HNP	MY	TNP	RS
ISDC	堆型	BWR	BWR	PWR	PWR	BWR	PWR	PWR	PWR	PWE	PWR
	电功率/MW	1 138	1 150	1 084	1 124	581	556	619	900	1 130	913
04+07	去污、拆除、捣毁、厂址恢复	152.1	182.2	88.1	140.5	126.1	82.6	394.6	205.6	99.8	107.0
05	废物处理、暂存和处置	134.4	139.7	120.5	125.3	136.2	82.9	124.6	125.1	44.3	69.1
06+08	厂址基础设施改造和运行、项目管理、工程和现场支持	268.7	298.0	214.6	277.5	289.9	210.7	369.0	179.0	113.5	259.3
	退役总费用（2013）	**617**	**662**	**472**	**575**	**649**	**460**	**997**	**558**	**259**	**475**

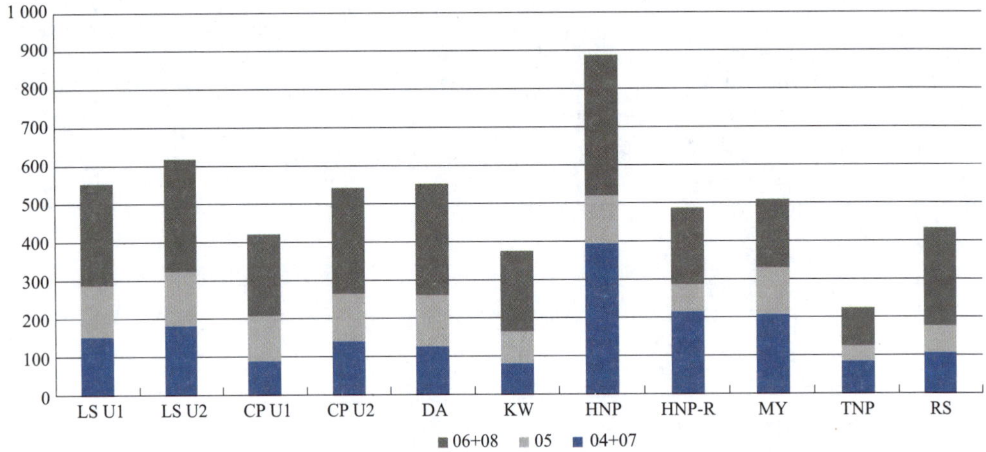

图 6.31　商用核电厂 ISDC 04+07、ISDC 05 和 ISDC 06+08 退役活动项费用比较图

表 6.18　商用核电厂立即拆除和延缓拆除的 ISDC 第 1 级退役费用百分比

ISDC 退役费用项百分比		立即拆除			延缓拆除		
ISDC		TLG/%	ES/%	均值/%	TLG/%	ES/%	均值/%
01	退役准备活动	2.2	2.2	2.2	2.4	3.0	2.7
02	设施关闭活动	3.3	8.4	5.9	1.5	6.5	4.0
03	安全维护期活动	0.0	0.0	0.0	1.9	0.8	1.4
04	控制区内拆除活动	15.3	14.8	15.1	10.3	14.5	12.4

续表

ISDC 退役费用项百分比		立即拆除			延缓拆除		
ISDC		TLG/%	ES/%	均值/%	TLG/%	ES/%	均值/%
05	废物处理、暂存和处置	22.6	19.5	21.0	13.3	13.2	13.3
06	厂址基础设施改造和运行	18.0	26.3	22.1	27.8	25.1	26.4
07	常规拆除、拆毁和厂址恢复	8.5	3.8	6.2	7.6	3.5	5.6
08	项目管理、工程和现场支持	27.6	19.0	23.3	26.5	24.3	25.4
09	研发	0.0	0.0	0.0	0.0	0.0	0.0
10	燃料和核材料	0.0	0.0	0.0	0.0	0.0	0.0
11	杂项	2.6	5.9	4.2	8.6	9.1	8.9

6.3.3 国外某典型百万千瓦级压水堆退役经费案例

6.3.3.1 基本情况

本节主要通过估算一座典型的百万千瓦级压水堆的退役费用，对其估算结果利用软件进行分析研究。

本案例研究介绍了单个电功率为 1 100 MW 的压水堆核电厂（PWR）退役成本估算中最终资助成本的计算。本案例的数据是来自一座即将开始退役的实际核电厂，但做了简化描述，省略了估算说明时过多的细节。该百万千瓦级压水堆核电厂退役策略是立即拆除，厂址恢复后将场地归还以供其他使用。假定估算是基于完整且成熟的范围来定义的，并将风险缓解范围合并到项目估算基准中。该百万千瓦级压水堆核电厂被作为一个典型案例进行分析，其估算费用数值仅供参考，不作为真实估算结果数据来使用。

6.3.3.2 估算模型

下面以国外某百万千瓦级压水堆为原型，利用软件进行初步的退役经费估算研究。进行退役经费估算前，先确定估算模型，信息包括范围、依据、假设、设施特点等。

（1）估算范围

估算包括去污、拆除、终止许可、厂址恢复在内的所有成本。

（2）假设

① 假设乏燃料将于厂址内乏燃料水池中存储，直到建造独立的乏燃料暂存设施（ISFSI）。然后乏燃料将转移到 ISFSI 的干式储存桶中，直到有可用的地质处置库为止。

② 假设退役最终会达到当前时刻监管机构规定的用于终止许可的放射解控水平。

③ 假设建（构）筑物将被拆除至比地面低一米的深度。

④ 通过使用工作困难因子来考虑到工人安全、使用防护服、呼吸防护、密闭空间/脚手架工作区域、工作休息和模拟培训等因素，从而实施合理可行 ALARP 的原则。

⑤ 人工成本根据当地劳动合同规定的劳动价格确定。项目管理和行政人员的工资由核电厂所有者/许可证拥有者确定。

⑥ 被污染和被活化部件和结构的放射线水平来自设施和厂址特性调查报告。

⑦ 假设在开始退役之前，设施运营人员已经排干了不需要支持退役活动的注液系统。同样，废树脂、废过滤器和危险/有毒材料的遗留废物将在退役之前被清除。

⑧ 假设含石棉的材料（ACMs）会被立即移除，再进行后续的放射性拆除作业，含石棉的材料的移除被认为是退役工作范围和成本的一部分。

⑨ 假设具有可能重复使用功能的、未被污染的组件（大型泵、阀门、柴油机等）将被回收再利用或者售出。没有重复使用可能的、未被污染的组件将直接报废。由于价值不大，本估算中没有计入回收再利用或报废的费用。

⑩ 假设退役期间的能源消耗成本与停堆大修期间的能源消耗成本相同。

（3）排除项

① 电气开关站和开关设备不在退役范围之内，它们将继续留用于电力传输。

② 估计费用中包括了厂址内乏燃料储存的费用，但不包括地质处置库运输和处置乏燃料的成本，因为它作为乏燃料处理专项单独提供资金。

（4）边界条件和局限性

厂址特性报告中未报告厂址周边放射污染情况，因此估算中未考虑此方面的问题。

（5）退役策略

退役策略是立即拆除。

（6）退役终态

退役终态是“绿地”。

（7）利益相关者的意见

根据要求，估算中已经包括了公众咨询小组的考虑事项，以确保当地周边安全。

（8）设施描述

设施实体物项清单是根据详细的竣工图纸、设备规格和设施现场走访而制定的。

（9）设施表征

设施和厂址特征报告被用作确定放射和危险/有毒清单的基础。

（10）废物管理

① 所有废物将按照所有联邦和地方法规进行包装、运输、暂存或处置。

② 低放废物（LLW）和中放废物（ILW）将在 1 000 km 范围内的许可处置设施中进行处置。高放废物（乏燃料和高放射性反应堆容器部件）将在 ISFSI 中现场存储，直到有可用的地质处置库。

③ 将尽可能在场外进行废物处理，以减少在低中放废物处置设施中处置的材料。

（11）使用的数据源

实际的物项数据用于编制物项清单。没有使用“代理数据”（来自别的同类型类似规模的电厂数据）。

（12）退役经费估算方法

对于所有与活动有关的任务，使用单位成本因子的自下而上的估算方法。对于与周期相关的项目管理任务，使用工作量估算。没有使用参数类比方法估算。

（13）技术说明和所用技术

① 反应堆容器和内部构件将使用远程操作的切割工具进行切割分段并装入适合的容器/桶中，以便进行运输和处置。

② 大型组件（蒸汽发生器、稳压器和主泵）将原地整体拆除并密封，作为它们自己的容器进行运输和处置。

（14）工作分解结构

工作分解结构（WBS）足够详细，以便能够根据需要转换为 ISDC 结构。

（15）进度分析

已经为所有工作活动制定了退役时间表，以细化所有有效的关键路径活动。

（16）裕量

充分考虑裕量，即在基本工作范围内，考虑到用于切割反应堆容器和内部构件的专用工具的估算费用。随着实际退役活动的开始，这些裕量将根据需要进行调整，例如使用设备的实际供应商报价。

（17）估算不确定性和风险

① 估计不确定性是使用计算机程序对估算范围内的活动进行蒙特卡洛概率分析计算的。不可预见费的概率模型采用三点分布模型。

② 风险分析是对确定范围外的风险进行额外资金准备，也是使用计算机程序进行蒙特卡洛概率分析计算。资金风险的概率模型采用三点分布模型。

（18）质量保证程序

遵循了退役专用的质量保证程序，并制订质量保证计划以进行退役成本估算。

6.3.3.3 案例分析

通过估算，国外某百万千瓦级压水堆核电厂退役总经费为 421 565 000 美元，费用构成如表 6.19 和图 6.32 所示。

表 6.19 国外某百万千瓦级压水堆退役经费估算表

序号	类别	费用/美元	比例
1	乏燃料	64 312 000	15.26%
2	项目管理	132 812 000	31.50%
3	工厂的运作和维护	13 723 000	3.26%
4	场地准备和特性调查	10 173 000	2.41%

续表

序号	类别	费用/美元	比例
5	保温棉的清除及处置	8 632 000	2.05%
6	大型组件的移除	6 001 000	1.42%
7	堆内构件和压力容器的切割和移除	21 877 000	5.19%
8	组件和管道的拆除	20 838 000	4.94%
9	安全壳厂房的拆毁	13 987 000	3.32%
10	其他建筑厂房的拆除	16 042 000	3.81%
11	终态调查和许可证终止	2 607 000	0.62%
12	废物管理	93 266 000	22.12%
13	土壤修复	742 000	0.18%
14	清洁材料处理	1 087 000	0.26%
15	厂址恢复	15 466 000	3.67%
	汇总	**421 565 000**	**100.00%**

注：乏燃料费用指的是厂址内乏燃料储存所需的费用，但不包括地质处置库运输和处置乏燃料的成本。

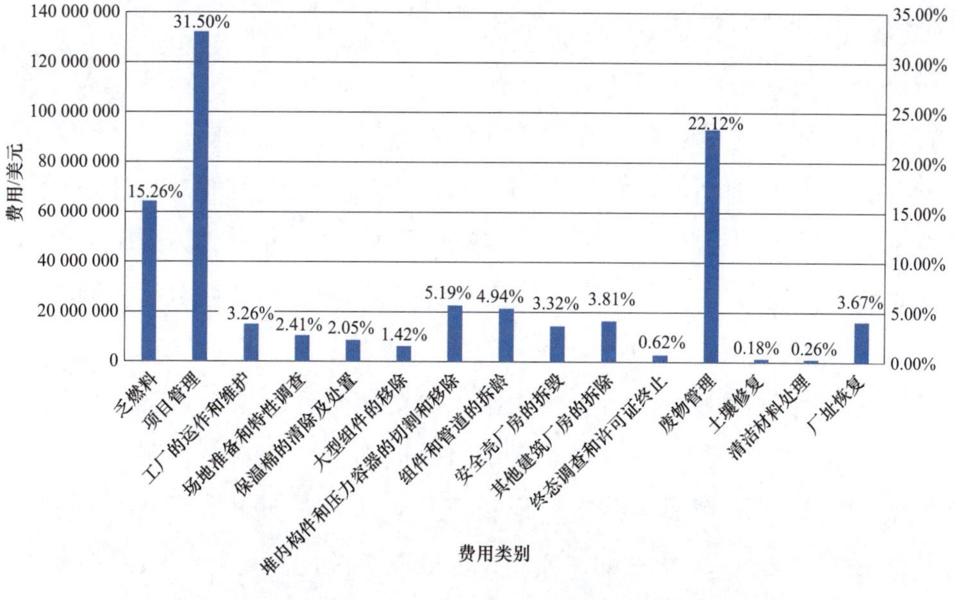

图 6.32　国外某百万千瓦级压水堆退役经费估算结果

从表 6.19 和图 6.32 可以看出，项目管理费、废物管理费、乏燃料费所占的比重最高，三者之和约占退役总费用的 70%。该估算的原始数据来源于 OECD/NEA 的 No.7344 文件，项目管理和行政人员费用是按年计算的，核电厂退役工期长、费用高，而且欧洲的劳务费水平也比较高，导致了项目管理费占比特别高。废物管理费用占比高，属于正常情况，是可以预料到的。此国外核电厂退役案例中，乏燃料费用指的是厂址内乏燃料储存所需的费用，不包括地质处置库运输和处置乏燃料的成本，但它所占的比例依然很高，这也是商用核电厂和研究堆的最大区别，核电厂退役时厂址内乏池依然存储着许多乏燃料，乏池的运维、辐射监控、实体保护等费用是十分可观的。

此外，所有与拆除活动相关的费用（包括“保温棉清除费”“大型组件移除费”“堆内构件和压力容器的切割和移除费用”“组件和管道拆除费”“安全壳厂房拆毁费”“其他厂房拆毁费”）总共占比约 20%，所以与拆除活动相关的费用占退役总费用的比例也是很高的。其中，“堆内构件和压力容器的切割和移除费用”占比又高于其他的拆除活动费用。

还可以注意到，核电厂的“厂址恢复费”占比也是不可忽视的，这也是核电厂退役与研究堆退役的主要区别之一。核电厂占地面积大，厂址恢复工程量大，特别是终态恢复到“绿地”需要进行回填土、种树等活动，这部分费用容易在退役经费估算时低估。

敏感性分析：

针对本案例，选择四个主要的输入参数进行敏感性分析，即对输入参数增加和减少 30%再重新估算。这四个输入参数包括：人工费率、总废物量、工期以及辐射防护系数。图 6.33 显示了本案例退役经费估算案例的敏感性分析结果。结果表明：退役总费用对人工费率的敏感性最高；按对退役总费用的敏感度排序为人工费率＞总废物量＞辐射防护系数＞工期；总废物量、辐射防护系数、工期对退役总费用的影响度相差不大。对比研究堆退役数据，可以看出人工费率、辐射防护系数、工期的影响作用都提高了，这侧面说明了与人相关的因素影响力提高，这是因为核电厂退役工程量大、周期长，需要大量的人力。这导致退役费用的不确定性大大提高，这是大型商用核电厂退役经费估算的主要难点，估算的困难程度远高于研究堆退役。

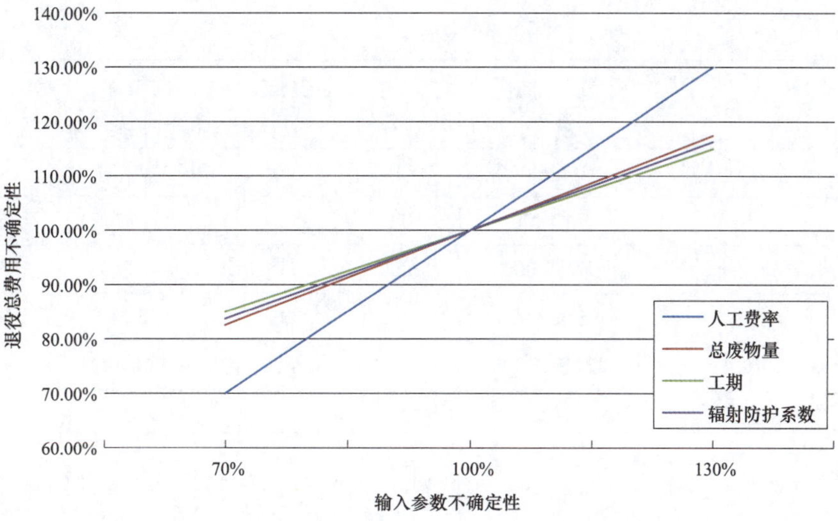

图 6.33　国外某百万千瓦级压水堆退役经费估算案例敏感性分析

不确定性分析：

为了进一步考虑估算过程中的不确定性，使用蒙特卡洛分析方法进行不确定性分析。参考国外对于估算不确定性的经验数据，就此百万千瓦级压水堆退役费用的估算不确定性分析的输入参数如表 6.20 所示。通过蒙特卡洛模拟 10 000 次后，得到图 6.34 和图 6.35。

表 6.20　国外某百万千瓦级压水堆估算不确定性分析输入数据

序号	主要活动类别	最可能值/美元	最小值（低%）	最大值（高%）	Beta 分布期望值/美元	Beta 分布标准差/美元
1	乏燃料	64 312 000	5.0	25.0	66 455 733	3 215 600
2	项目管理	132 812 000	5.0	15.0	135 025 533	4 427 067
3	工厂的运作和维护	13 723 000	5.0	15.0	13 951 717	457 433
4	场地准备和特性调查	10 173 000	5.0	25.0	10 512 100	508 650
5	保温棉的清除及处置	8 632 000	5.0	25.0	8 919 733	431 600
6	大型组件的移除	6 001 000	5.0	25.0	6 201 033	300 050
7	堆内构件和压力容器的切割和移除	21 877 000	5.0	75.0	24 429 317	2 916 933
8	组件和管道的拆除	20 838 000	10.0	20.0	21 185 300	1 041 900
9	安全壳厂房的拆毁	13 987 000	5.0	30.0	14 569 792	815 908
10	其他建筑厂房的拆除	16 042 000	5.0	25.0	16 576 733	802 100
11	终态调查和许可证终止	2 607 000	5.0	25.0	2 693 900	130 350

续表

序号	主要活动类别	最可能值/美元	最小值（低%）	最大值（高%）	Beta 分布期望值/美元	Beta 分布标准差/美元
12	废物管理	93 266 000	5.0	25.0	96 374 867	4 663 300
13	土壤修复	742 000	10.0	35.0	772 917	55 650
14	清洁材料处理	1 087 000	5.0	15.0	1 105 117	36 233
15	厂址恢复	15 466 000	5.0	20.0	15 852 650	644 417
	汇总	**421 565 000**	**5.7**	**26.7**	**434 626 442**	**20 447 192**

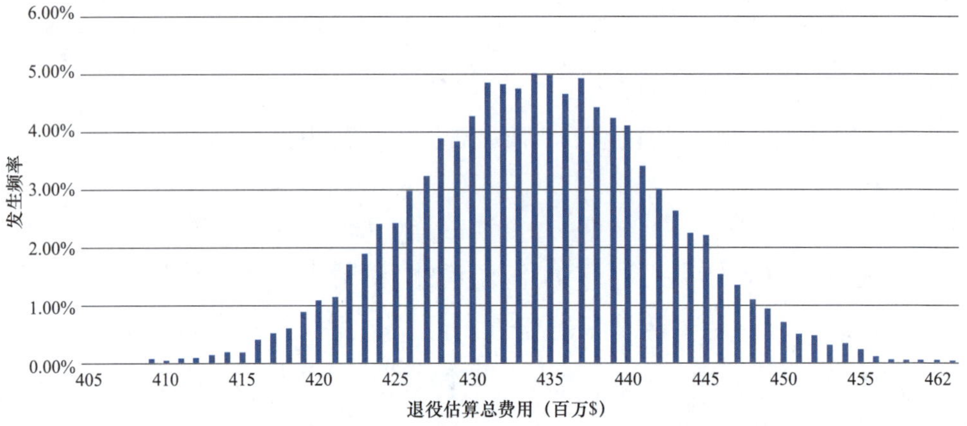

图 6.34　国外某百万千瓦级压水堆估算不确定性的频率分布图

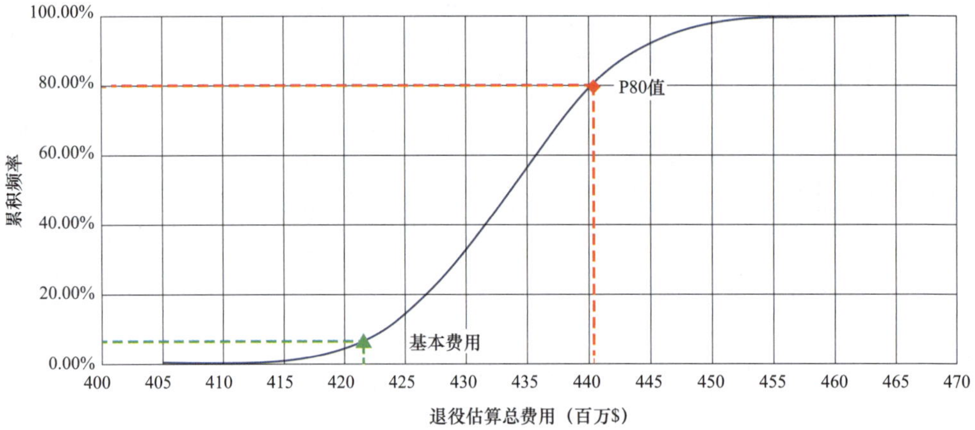

图 6.35　国外某百万千瓦级压水堆估算不确定性的累积频率曲线图

该百万千瓦级压水堆核电厂退役基本费用估算值为 421.6 百万美元，在考虑了不确定性后，要使置信水平为 80%，那么退役估算基线费用需要 440.5 百万美元（又称 P80 值），即需额外增加 18.9 百万美元（约占退役总费用的 4.9%），作为估算不确定性费用。因此，该百万千瓦级压水堆核电厂退役总费用（又称项目估算基线）为 440.5 百万美元。此国外某百万千瓦级压水堆核电厂退役经费估算的方法和数据，可以供国内同类型、同规模的大型商用核电厂退役经费估算作参考。

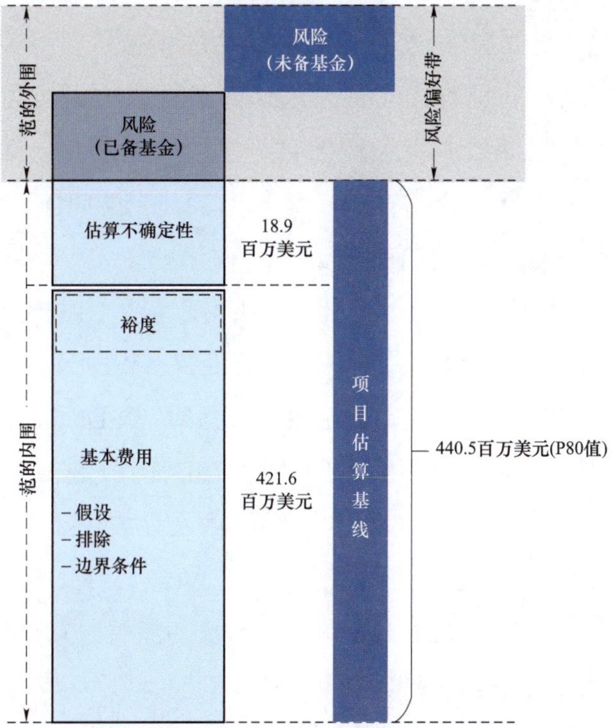

图 6.36　国外某百万千瓦级压水堆退役经费估算结果

6.4　结论

本章退役经费估算案例，主要估算分析了 TRIGA、WWR 和开放池式三类研究堆以及一些商用核电厂的退役费用。不同堆型差异较大，堆与堆之间也存在差异，这是由于退役成本受多方面因素综合影响。退役的成本取决于许多不同因素，包括但不仅限于退役范围、运行历史、终态、放废管理范围和策略、国家监管框架、退役经验和知识、不同国家人工费率、可用于管理乏燃料和放射性废物的处置设施等。其中，影响劳动力成本的因素主要是拆除工作是由谁负责，即是由先前参与反应堆运行的人员还是由专门承包商进行。一般情况下承包商的价格更低，但这需要对操作人员进行再培训以进行退役，从而对整个项目工期产生重大影响。

从堆型方面分析，研究堆和商用核电厂的退役之间最显著的区别是退役活动的内容和程度。尽管研究堆的库存通常比核电厂的库存小得多，但仍执行所有典型的退役活动，这可能导致某些特定活动的单位因素增加，例如：拆除反应堆堆芯。商用核电厂的退役由于涉及面广、工程量大、工期长，社会、经济、环境、政策因素都可能导致退役经费估算产生巨大的变化，即退役费用存在较高的估算不确定性和风险。通常在趋于退役时将退役物项清单明确后，退役经费估算可信度更高，与实际值更接近。

从费用数据方面分析，通常对退役总费用贡献最大的退役活动包括：控制区内的拆除活动（ISDC 04）、废物处理、暂存和处置（ISDC 05）；项目管理、工程和现场支持（ISDC 08）和厂址基础设施改造和运行（ISDC 06），这些活动合计占总退役成本的 70%～80%。与许可有关的活动（ISDC 01）通常约占总费用的 10%。通过敏感性分析，对退役成本估算最为敏感的输入参数包括：人工费率、废物量（总）、退役工期（ISDC 06&08）、废物管理单位因子（WMUF），以及退役单位因子（DCUF）。通常与人工费率相关的劳动力成本较为显著，占总成本的 50%～60%。

通过案例分析总结了以下经验：

（1）在进行退役经费估算时，重要的是要清楚明确地描述和记录与退役项目有关的假设、排除条件和边界条件，因为这是不同案例、不同情况之间差异的重要决定因素。这些可能与法律和法规框架、清除限制、废物接收标准、废物管理基础设施、退役策略、项目范围和计划的最终状态有关。

（2）在进行退役成本估算时，需要注意的其他方面包括：

① 输入与期间相关的活动和抵押成本的数据。

② 选择与反应堆有关的清单项目的退役类别。对于退役类别，默认单位因子的适用性需要针对每个特定案例进行仔细考虑，并选择工作难度因子。

③ 选择废物管理类别和相关单位因子。

后续通过更多的案例分析，总结出更多的经验和形成系统性的数据库，将对退役经费估算有重要的参考与指导意义，为我国核退役领域发展奠定更扎实的基础。

参考文献

[1] INTERNATIONAL ATOMIC ENERGY AGENCY. Data Analysis and Collection for Costing of Research Reactor Decommissioning: Report of the DACCORD Collaborative Project: IAEA-TECDOC-1832[R]. Vienna, 2017.

[2] INTERNATIONAL ATOMIC ENERGY AGENCY. Cost Estimation for Research Reactors Decommissioning: IAEA Nuclear Energy Series NW-T-2.4 [R]. Vienna 2013.

[3] OECD NUCLEAR ENERGY AGENCY. Cost Estimation for Decommissioning: An International Overview of Cost Elements, Estimation Practices and Reporting Requirements[R]. Paris, 2010.

[4] OECD NUCLEAR ENERGY AGENCY, INTERNATIONAL ATOMIC ENERGY AGENCY, EUROPEAN COMMISSION. International Structure for Decommissioning Costing(ISDC)of Nuclear Installations[M]. Paris, 2012.

[5] OECD NUCLEAR ENERGY AGENCY. The Practice of Cost Estimation for Decommissioning of Nuclear Facilities: NEA No. 7237[R]. 2015.

[6] LOBACH Y. N, Cross MT. Dismantling design for a reference research reactor of the WWR type[J]. Nuclear Engineering and Design, 2014(266): 155-165.

[7] TOTH G, Initial decommissioning planning for the Budapest research reactor[J]. Nuclear technology and radiation protection, 2011(26): 92-99.

[8] MEYER F, Decommissioning of the ASTRA Research Reactor: Planning, cost estimates, funding and budgeting, at IAEA R2D2 Project Workshop on Cost Estimates, PNRI, Manila, 30 March - 03 April 2009[C].

[9] STRUFE N, Decommissioning of DR 2: Final report, Document No DD-38 rev. 1(ENG). [R]. 2009.

[10] KAMAJAYA K, HENKY P R, YAZID P. I. , The current status of Bandung

Triga Mark Ⅱ Reactor - Indonesia(2006).

[11] PARK, J H, PARK S K, CHUNG U S. Management of Waste from Decommissioning of Hot Cells and Laboratories of KRR-2, Proc. KONTEC 2003, 6th International Symposium ‘Conditioning of Radioactive Operational & Decommissioning Wastes’, [C]. 2003.

[12] LAGUARDIA T S, RISLEY J F, SEYMORE, F W, et al. Guidelines for Producing Commercial Nuclear Power Plant Decommissioning Cost Estimates, National Environmental Studies Project of the Atomic Industrial Forum, Inc. [C]. 1986.

[13] TABOAS A L, MOGHISSI A A, LAGUARDIA T S, The Decommissioning Handbook[M]. ASME Press, American Nuclear Society, 2004.

[14] LAGUARDIA T S, Cost Estimating for Decommissioning Nuclear Reactors in Sweden[R]2014.

[15] GROSS, P A, TELLO C C, SEGABINAZE R O, et al. Cost estimation for decommissioning of research reactors, International Nuclear Atlantic Conference-INAC 2013 Recife, PE, Brazil, November 24-29[C]. 2013.

[16] KAMAJAYA K, HENKY P R, YAZID P I, The current status of Bandung Triga Mark Ⅱ Reacto[R]. Indonesia, 2006.

[17] PARK J H, Waste Management in Decommissioning Project at KAERI, Proc. International Symposium on Radiation Safety Management, Nov 2-4, Daejeon[C]. 2005.

[18] LIGAM A S, MASOOD Z, AB RAHIM A N. Safety management at Puspati Triga Reactor, 2011.

[19] KATSOULAS G, GIKAS I, KOUNENAKI K, et al. Inventory and classification of the components and systems of the GRR-1 for decommissioning planning[J]. 2014, 3(4): 72-81. International Nuclear Safety Journal, 2014.

[20] INTERNATIONAL ATOMIC ENERGY AGENCY. Nuclear Power Reactors in the World 2020 Eiditon: RDS-2-40[R]. Vienna, 2020.

[21] INTERNATIONAL ATOMIC ENERGY AGENCY. Costs of Decommissioning Nuclear Power Plants: NEA No. 7201[R]. 2016.

第7章 展望

7.1 国际进展

随着核设施退役工业的成熟和经验的积累，退役资金可以被可靠地估算出来，并在开展退役活动的过程中充分地进行控制管理。在过去，退役费用的估算是基于从世界范围内获得的退役项目或正在运行的核设施的维护和检修工作的经验。现在，为核电厂和其他核设施准备退役计划和相关的费用估算是极为普遍的，甚至在开始建造前就会进行准备。通常，这些计划和估算在核设施运行期后的过渡期以及退役期间都会定期更新。透明的费用估算有许多重要作用：提供确定退役策略的依据；为退役活动提供一个成本效益的评估基础；为确保足够基金以满足实际退役费用提供基础。

各个国家和机构对核设施退役费用估算的研究一直在进行。20 世纪 70 到 90 年代美国核管会发布了一系列参考核设施退役费用的文件。俄罗斯、日本等国也相继发布了一些核设施退役费用估算的研究结果。1994 年国际原子能机构（IAEA）出版了《核设施退役手册》，其中详细介绍了费用评估的方法。国际成本工程协会（AACE）作为通用费用估算方法（不是专门针对退役的）资源，建立一项费用估算师教育和认证计划。2004 年美国工程师协会（ASME）出版的《退役手册》收录了 AACE 的退役费用评估。2005 年 IAEA 出版了旨在全面评述退役费用和基金机制的文件《退役财政问题》。2010 年，欧洲经合组织的核能机构（OECD/NEA）出版了《退役费用估算关于成本要素、估算实践和报告要求的国际回顾》，旨在探索目前退役费用估算的实践活动，明确主要的成本要素等。

国际组织还一直努力改进退役费用的可比性。OECD 的退役费用工作组考虑并评估了不同退役项目报告的费用估算中出现很大变化的原因。1995 年 11 月成立了一个新退役工作组，关注特定动力堆和燃料设施。1995 年 IAEA 开始编写一篇有关放射性废物和核设施退役费用的技术文件，并召集了国际上的专家成立了退役和废物管理费用的顾问组。欧洲委员会（EC）决定继续进行建立退役费用数据库的活动。在这些同时开展的活动及其相同的目标的基础上，三个组织同意开始一个协调行动，以便形成一个标准化的、统一的退役项目费用项目表和有关费用项定义。1999 年，三个组织联合出版了《核装置退役费用计算用标准化项目表》（“黄皮书”），统一了退役过程中的成本项。在此基础上，NEA、EC 和 IAEA 又联合开发出一个退役费用估算和报告的新国际化结构（ISDC），并 2012 年出版，这将使退役费用报告更便捷、透明和有可比性。目前 OECD/NEA 在筹备基于净值管理系统（EVMS）的附加国际化指导。EVMS 作为控制费用的有效工具已经被用于许多大型政府项目和一些商业项目。

7.2 国内展望

通过美国和国际组织核设施退役费用的估算经验，可以了解到无论是美国方面将退役项目划分为工作相关和时间相关因子还是国际组织将退役项目的全寿命周期划分工作项，当前退役工作的费用估算致力于将退役费用进行规范统一并形成体系。规范统一的体系有利于将不同退役项目进行比较总结经验，有利于建立数据库，对日后的退役项目费用估算具有重要的参考意义。

对于我国当前的退役项目费用估算，如果想在事前甚至建造前就筹备退役计划和相关的费用估算，对退役项目的费用进行数据库的构建就显得十分必要。因此，我国当前可根据自身退役项目的具体情况，参考国外的经验制订一套适合于我国的核退役设施费用估算体系，并对所有的退役项目费用估算执行该费用体系，通过经验积累构建核退役设施费用估算数据库，做到费用的公开透明，进而为事前进行费用估算并随着项目的推进逐步更新打下坚实的基础，为项目费用管控，项目的顺利推进做贡献。

参考文献

[1] 陆燕．世界核电站退役法规及资金管理［J］．中国核工业，2017（10）：21-25

[2] 尚金，于洋．核设施退役费用体系建设探索［J］．产业与科技论坛，2018，17（7）：212-213

[3] 张明，田然，于洋，等．国外核设施退役费用估算对我国的启示［J］．产业与科技论坛，2020，19（10）：236-237

[4] 张雪，张锐平，信萍萍，等．核设施退役费用估算研究综述［M］//中国核科学技术进展报告：第四卷：核情报分卷. 2015.